星を
みつめて

Gazing at
the Stars
from Kwasan
Observatory

京大花山天文台から

応援メッセージ

I'm supporting the observatory's fight to stay alive
- a vital source of inspiration for a new generation
of young amateur astronomers - kids whose
imagination catches fire when they experience this
glorious heritage. KEEP KWASAN ALIVE !!!

（ブライアン・メイさんのインスタグラムより）

（日本語訳）
花山天文台の存続への戦いを支援します。 子どもたちが、このすばらしい歴史をもつ天文台を訪れ、あこがれ、次世代の若いアマチュア天文学者のインスピレーションの重要な源となるように、花山天文台の存続を！

45cm屈折望遠鏡の架台に書かれたブライアン・メイさんのサイン。
「FOREVER（永久に）」というメッセージも。

2020年１月27日、イギリスの伝説的なロックバンド「クイーン」のギタリストで宇宙物理学者のブライアン・メイさんが花山天文台を見学されました。これは（一財）花山宇宙文化財団の岡村勝理事の発案によるもので、柴田一成前天文台長からイギリスの研究者経由でコンタクトが取れ、ライブツアーで来日されている同氏のご好意により、ご訪問が実現しました。天文台への滞在は約２時間にわたり、花山天文台への応援メッセージもいただき、関係者一同、とても感激しました。

ブライアン・メイさんは、見学中や取材時に「設備を存続させて充実していく財団の活動や、寄附金集めを頑張って下さい！自分も賛同します！サポートします！」と、何度も力強く言って下さいました。

ブライアン・メイさんの手形

花山天文台ＦＯＲＥＶＥＲ

「クイーン」ギタリストで天体物理学者

ブライアン・メイさん訪問

英ロックバンド「クイーン」のギタリストで天体物理学者のブライアン・メイさんが27日、京都市山科区の京都大理学研究科付属花山天文台を訪問した。90年の歴史がありながら資金難で存続が危ぶまれる同天文台。メイさんは応援を約束し、本館の45″屈折望遠鏡の架台にサインと共に「ＦＯＲＥＶＥＲ（永久に）」とメッセージを書いた。

同天文台の存続に取り組む前台長の柴田一成教授が昨年９月ごろから来訪を打診。メイさんはライブツアーのため来日中で、この日はプライベートで訪れ、本館や別館を見て回った。

見学後、取材に応じたメイさんは自身の研究分野と同じ太陽系の研究に多大な貢献をしてきた同天文台について「素晴らしい建物、内容だ」と話した。また曲作りなどで宇宙から多くの示唆を受けたと述べ「その感覚を今の子どもにも持ってほしい」と期待した。

同天文台が老朽化や国立大の予算削減などで活動が困難になっていることに触れ「若い世代や子どものために残すべきだ。宇宙を経験できるこの天文台のため、私もサポートしたい」と力を込めた。 （山田修裕）

サインをしたとされる45″屈折望遠鏡の架台。記念撮影する山田文右衛門（中央）＝27日午後

７月４スス＝京都市山科区・京都大理学研究科付属花山天文台 撮影＝坂本佳文

ブライアン・メイさんの来訪は新聞各紙で紹介されました（写真は京都新聞2020年１月29日）

　京都大学花山天文台は1929年設立の、日本で2番目に古い大学天文台です。これまで太陽系や太陽の観測的研究で世界的な活躍をしてきました。しかし、それ以上に重要なのが、アマチュア天文学への貢献です。初代台長・山本一清博士は、花山天文台創設間もないころ、日本中の星好きの人々や子どもたちを招き、また、日本中に出かけていって天文学の普及活動を非常に熱心におこないました。その結果、日本中にアマチュア天文家が多く誕生し、「日本のアマチュア天文学は世界一」と言われ、花山天文台は「アマチュア天文学の聖地」となったのです。

　ところが2018年、京都大学に新しく岡山天文台ができたことにより、花山天文台は閉鎖の危機に陥りました。国立大学の予算がどんどん減りつつある中、新しい天文台を作るには古い天文台を閉鎖せよ、というのです。しかし、花山天文台の現存の建物や望遠鏡は古いけれども教育普及用には世界レベルの優れものです。何とか残して、未来を担う子どもたちが毎日

来て本物の宇宙を体験できるようにできないだろうか。国から運営費が出なくても、市民からの寄付で花山天文台を存続させようと、支援の財団、花山宇宙文化財団ができました。

　本書は、そのような花山天文台存続運動の一環として、花山天文台と財団関係者が中心となって協力し、京都新聞に一年間、毎日連載したコラム「星をみつめて―花山天文台から」を1冊の本にまとめたものです。ここに至るまで、様々な面からご協力いただいた、京都新聞社、執筆者、編集委員、花山天文台および財団のみなさまに心よりお礼申し上げます。

　コラムの連載が終盤に差し掛かった2020年の1月、花山天文台から日本（いや世界）を驚かせるニュースが流れました。英国のロックグループ・クイーンのギタリストで天体物理学の博士号をもつブライアン・メイさんが、応援のために花山天文台にやってこられたのです。メイさんは大阪コンサートの前日の夕方、私の案内で花山天文台を見学したのち、世界へ向けて花山天文台への応援メッセージを発信してくださいました：Keep Kwasan Alive！花山天文台の91年の歴史に、新たな伝説が刻まれました。

前花山天文台長、京都大学名誉教授、同志社大学客員教授
柴田一成

©Creative Office Haruka

別館のザートリウス18cm屈折望遠鏡

歴史館にある子午儀

㊤㊦ザートリウス18cm屈折望遠鏡の一部

宮本正太郎博士 手づくりの火星儀

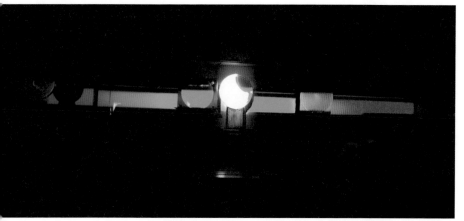

「本物の色が見られる体験」として好評の太陽スペクトル観望

※本文中の年月日は、基本的に1582年10月15日以降はグレゴリオ暦を、
　それ以前はユリウス暦を使い、国内ではカッコ内に和暦を記しました
※本書の天体写真は、特に記載がない限り可視光線をとらえた画像です

11

戦前の一般公開の様子（本館ドーム内）

星を
みつめて

Gazing at
the Stars
from Kwasan
Observatory

京大花山天文台から

私と宇宙

竹宮惠子

　花山天文台が、京都市内からこんなに近くにあるということ、またそれが日本の天文台の歴史において重要であるということなどを知るようになったのは、私が2000年から京都精華大学で教鞭をとるようになり、京都大学から京都精華大学に教えに来てくださっていた先生とお知り合いになってからです。京都大学で催された天文学関係のシンポジウムや懇親会にお呼びいただき、楽しく理系のお話を聞かせていただきました。もともと私は天文台や宇宙が好きで、過去には『地球（テラ）へ…』というSF作品も描きました。皆さまと交流する中で、この作品を読んでくださった方々にもお会いでき、漫画家のみの仕事だった時代にはなかった新しい知見が得られたと感じています。「星が好き」だけでつながる人間関係を、これからも長くつなげていけたらと思います。「星をみつめて」の執筆は懐かしく楽しい時間でした。

◆

　私が子どもだった昭和35年ごろのことです。夜7時を過ぎて、群青の空に星が瞬く時間になっても家が近い子どもらは遊びをやめませんでした。当時使われ始めた水銀灯が、まるで昼のように思えたことも理由の一つでしょう。大笑いして空を振り仰ぐと、張り付いたように散らばった星が、水銀灯の光にもかき消されずにくっきり見えていたのを覚えています。その星の海を、初めて見る人工衛星が横切って行きました。

　次に星のことを考えたのは、私が15歳のとき、池谷・関彗星のニュースからでした。彗星は太陽系の果てから訪れること、それを見つけるのは毎日の夜空の観測であること。動かない星の中から微かに動く星を探すという、気の遠くなるような作業が「彗星を見つける」ことを現実にします。世界がまだ遠かった頃に、日本の2人の若者が、それを果たした。そうさ

『地球（テラ）へ…』主人公ジョミー・マーキス・シン。背景に見えるのは花山天文台本館。本作品および17頁の作品は、花山天文台応援グッズのクリアファイルとして販売中。詳しくはホームページ（http://kwasan.kyoto/takemiya03.html）へ。

せる魅力を星は持っているのだと、その時初めて知ったのです。

　池谷・関彗星（すいせい）から程なくして、私は小さな星の写真集を手に入れます。はがきサイズの本でしたが、その中には幾万光年の距離の果てにある星々が、華やかに彩られて写っていました。受験前の女子高校生には何の役にも立ちそうにない、銀河や星雲。それはもう遠すぎて圧倒的な別世界でした。けれどもそれがただの夢やロマンでないことを、1961年から始まったアポロ計画は次々に証明してくれたのです。

　1969年7月21日、ついに月面を踏んだ人類。その瞬間はそれまでに読んだマンガの中の荒唐無稽なSFが「これは真実だ！」と思える瞬間でもありました。決してSF小説に造詣が深いわけでもなく、科学的知識が豊富でもない私が『地球（テラ）へ…』という本格SF作品を描くことができたのは、「初めて人が真空の宇宙を歩く姿」を見たからだと断言できます。「見る」ことの圧倒的な説得力は今も私を支えています。

　アポロ計画は、宇宙という広がりを人類に示しただけでなく、さまざまな負の事実をも明らかにしました。アポロ13号の事故によって、宇宙空間の危険性とともに、宇宙への旅が命をかける冒険であること、飛行士の絶望的状況での冷静さなど、普通の人の日常にはない局面を知ることができたのです。アポロ計画の中で唯一失敗だったアポロ13号は、他の成功した全ての飛行よりも、大きな「宇宙愛」を私に残しました。

　あってはならないのは、宇宙における戦争です。宇宙への旅がロケット

の性能を実験することにつながり、かつそれが兵器開発へと導かれる。私たちの棲む地球が狭く感じられるようになってきた現在、「宇宙を支配する国が全世界を支配する」と考えることもあるでしょう。でも、宇宙こそは、全人類が一致団結して知恵を注がなければ、決して手にできない世界です。人類はこの課題をクリアできるでしょうか？

　小学生の頃からマンガは私にとって、帯電を逃すアースのように大事なものでした。怒りも悔しさも悲しいこともすべてマンガを読むことで忘れられました。小さな自分の世界を宇宙にまで広げてくれるマンガは気分を晴らすのに最適でした。主人公が星空を見上げるシーンはいつも、真実が語られる大事な場面だったのです。「星は天の眼である」とか「星は見ている」とかの言葉も大好きでした。星は普遍そのものでしたから。

　私が漫画家になると決心したのは高校１年の頃でした。手塚治虫先生の「火の鳥」（未来篇）を読み、石ノ森章太郎先生の「マンガ家入門」を読んで漫画家を目指した若者がどれほど多かったか。私もそのひとりでした。マンガの中では宇宙への人類の進出が既に描かれており、コンピューター同士の争いや、管理社会の恐ろしさも「起こり得る未来」として認識していました。宇宙は既に「次の可能性」だったのです。

　かつてマンガの中で知った「起こり得る未来」は、私の中でチリチリと燃えつづけ、どこかで爆ぜるのを待っていたのでしょう。少年マンガ誌から依頼があった時、長編のSFなど描いたことがないにも関わらず、引き受けてしまった。私が見る宇宙、私が考える未来を見えるものにしてみたい、ただそれだけを願って。私が描く星空を「今までにない」と褒められたのが何よりもうれしかったのを覚えています。

　私がSF長編作品『地球（テラ）へ…』を描いた頃は、まだそれほど宇宙は難しいテーマではありませんでした。映画「未知との遭遇」や「スターウォーズ」を見ても、想像の余地が大きくあることが分かります。アポロからスペースシャトルへと引き継がれて、現実世界が宇宙へ近づき、宇宙の知識が増えた分、宇宙の厳しさをも肌で感じるようになったのです。リアルな宇宙を描くには現実的な知識が必要になりました。

地球の未来について正直な考えを表現した『地球（テラ）へ…』は思いもかけずビッグヒットとなり、物語の中で、理想郷のようにも見える管理社会が、人々にどう受け入れられていくのかを示すことになりました。今でも、この未来社会が実現しそうだと考える読者が多くいます。40年前に描かれたにも関わらず今そう言われることは、うれしい半面、今の現実が管理社会を必要としていることに恐ろしさも感じます。

　2000年から2020年まで、マンガの第一線を離れ、私は京都精華大学でマンガ学科の教員を務めました。マンガを描く学生を教育するマンガ研究者として働くことになりましたが、大学人として学んできた訳でもなく、スキルとして持っているのはマンガ業界で道を切り開いてきた経験のみ。それでも、どんなに道が険しくても賛否両論の中で学問の場に導入された「マンガ学」を手放すことは私にはできませんでした。

　「マンガ学」はもちろんまだ歩き始めたばかりですが、エンターテインメントとして消費するばかりでなく、どこの大学でもマンガを「学」として論じ、社会に還元する土壌はできました。マンガ専門でなくても、人文学や社会学では昔からマンガを論じようとしてきたのです。ただ、マンガはすべてを越境する。その自由度があればこそ、宇宙へ羽ばたき星を越えることができた。縛らずに利用してほしいと考えます。

（7/26 〜 7/31、3/25 〜 3/31）

『地球（テラ）へ…』登場人物のなかで一番人気のソルジャー・ブルー。背景は花山天文台45cm屈折望遠鏡

戦前の一般公開の様子

第1章

「明月記」と安倍晴明

「明月記」と超新星 SN1006

1006年 5 月 1 日（寛弘 3 年 4 月 2 日）午後11時に出現した超新星（SN1006）の想像図。
加茂大橋から南を向いた情景（作花一志作成）

今から千年前、1006年 5 月 1 日（寛弘 3 年 4 月 2 日）真夜中、京都の南の空低く突然明るい見慣れぬ星、客星（きゃくせいとも）が現れました。この記録が藤原定家（1162 ～ 1241年）の日記「明月記」に残されています。これは現在、超新星と呼ばれ、天文観測史上特筆される現象として世界に認められています。実は定家自身が見たものではなく、当時、星を

観測していた陰陽師（おんみょうじ）の記録を後に彼がそのまま残したものですが、「明月記」が学術史料として価値あるものであることは間違いありません。

　星は、核融合エネルギーで輝いています。軽い元素がより重い元素に変換するときに生ずるエネルギーで、いわば水素爆弾が連続的に爆発しているようなものです。核融合は重い元素ほど高温を要するので、星の中心部ほど重い元素が合成され蓄積していき、やがて核融合は終わります。その結果、太陽より重い星は突然大爆発をおこすことがあり（100頁）、あたかも大変明るい星が生まれたように見えます。これを超新星といいます。

　激しい爆発により超新星の衝撃波は痕跡を残します。これを超新星残骸とよびます。超新星残骸は１千万度近い高温ガスをもち、何万年にもわたり強いエックス線（X線）を放出します。このX線を観測すると、星の内部で超新星の瞬間に合成される元素の量が決定できます。また衝撃波は長い年月にわたり高速膨張して、高いエネルギーを持った粒子、宇宙線をつくります。これもX線を放射しますから、宇宙線の加速する仕組みが解明できます。

　地球の大気はX線を吸収してしまうため、このX線は衛星などで大気圏外に出なければ観測できません。日本では先人たちの先見性と指導力によ

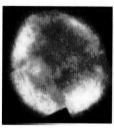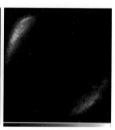

「明月記」に記載されている1006年に現れた超新星の残骸。㊧は高電離酸素からのX線0.57キロ電子ボルト、㊨3〜５キロ電子ボルトのX線による。全体の大きさは直径約60光年©JAXA（X線天文衛星「すざく」による撮影）

って途切れることなく5機のX線天文衛星が打ち上げられました。世界でも例のないことです。それゆえ、宇宙X線研究は「日本のお家芸」といわれるようになりました。京都大学もX線天文学の世界的拠点の一つといわれました。2005年に打ち上げられた、日本の5番目のX線天文衛星は千年の都にちなんで、「すざく」と命名されました。

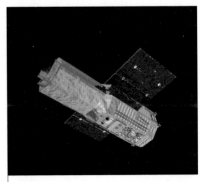

X線天文衛星すざく（2005〜15年）
©JAXA

　超新星（SN1006）が出現してちょうど千年後の2006年、残骸が放出するX線の世界で最も精密な観測に「すざく」が成功しました。その結果、SN1006に含まれる元素の存在割合とともに、宇宙線が爆発の衝撃波によって加速されたことが初めて判明しました。これらの成果を記念して、同年、京都で国際会議を開きました。この会議により「明月記」が世界の天文学者により広く知られることになりました。

　「すざく」が観測した元素の存在の割合から、1006年の超新星爆発は核融合型とわかりました。この型は最大時の明るさが決まっているため超新星の爆発時の最高光度が算出できます。これによりこの超新星は人類が観測した中で一番明るく輝いたものだとわかりました。この爆発で見つかった宇宙線の最高エネルギーは人工的加速器で得られるものより桁違いに高いものでした。まさに宇宙最高エネルギーの天然加速器だったのです。

（5/1 〜 5/6/小山勝二）

冷泉家（京都市上京区）

藤原定家とかに星雲

◆

冷泉貴実子

　超新星やオーロラ（132頁）の記録が残る「明月記」を著したのは、冷泉家の祖として有名な藤原定家（1162～1241年）で、鎌倉時代初期の歌人として知られています。正二位中納言になった貴族です。定家の父俊成（1114～1204年）もまた歌人として著名で、平安時代末期から鎌倉時代にかけて活躍しました。定家は後鳥羽上皇にその才能を評価され、「新古今和歌集」の選者として和歌所の寄人になりました。

　藤原定家は後鳥羽上皇に重用され、「新古今和歌集」を編さんしました。また承久の乱後には後堀河天皇の勅命で、「新勅撰和歌集」を選びました。定家自身の和歌は現在4608首が知られています。日本の和歌史上に大きな足跡を残し、後世の詩歌や日本人の美に影響を与えました。子孫の冷泉家では、歌聖と呼び、代々尊崇してきました。彼はまた、古典の校訂者としても大きな業績を残しました。

藤原定家の日記「明月記」に記録された客星（①1006年、②1054年、③1181年の超新星）。1054年の超新星の残骸が現在のかに星雲。寛喜2（1230）年11月8日（冷泉家時雨亭文庫提供）

定家の筆跡　　　定家が貼りつけた安倍泰俊の手紙　　　定家の筆跡

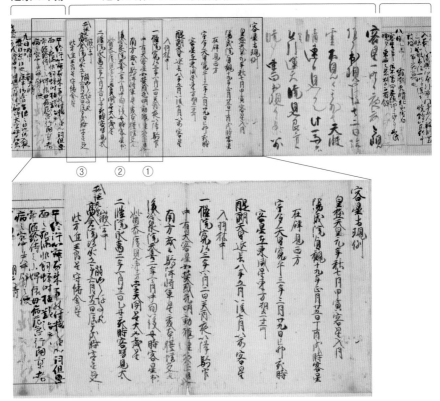

③　②　①

読み下し文（斉藤国治『星の古記録』岩波新書、1982年参照）

①一条院の寛弘三年四月二日癸酉［1006年5月1日］夜以降、騎官（おおかみ座）中に大客星あり、熒惑［火星］の如し。光明動耀し、連夜南方に正見。或いはいう、騎陣将軍星［おおかみ座デルタ星］本体変じて増光か、と。

②後冷泉院の天喜二年四月中旬［1054年5月20～29日］以後、丑の時［午前1～3時］に客星が觜（し）と参（しん）［ともにオリオン座］の度［赤経］に出づ。東方に現れ、天関星［おうし座ゼータ星］に孛（はい）す［輝いた］。大きさ歳星［木星］の如し。

③高倉院の治承五年六月廿五日庚午［1181年8月7日］戌の時［午後8時・午後7～9時］、客星北方にあらわる。王良星［カシオペヤ座］に近く、伝舎星［きりん座］を守る。

文献に残る、銀河系内に現れた超新星の記録

	出現年	星座	視光度	記録	距離（光年）
	AD185	ケンタウルス	-8 等	中国	8200
	393	さそり	-1 等	中国	3000
①	1006	おおかみ	-8 等	中国・日本・欧州・アラビア	7000
②	1054	おうし	-4 等	中国・日本・アラビア	6500
③	1181	カシオペヤ	0 等	中国・日本	10000
	1572	カシオペヤ	-4 等	中国・朝鮮・欧州（ティコ）	13000
	1604	へびつかい	-2.5 等	中国・朝鮮・欧州（ケプラー）	13000

※赤線で囲った部分は「明月記」に記載あり

　藤原定家の歌人としての顔より、一層重要視されるのが古典学者としての顔です。当時、古典を勉強することは写本を借りて読むことでした。定家は、何本かの写本の誤りを訂正し、定家筆の写本を残しました。こうして伝わったものに「源氏物語」「更級日記」「土佐日記」「古今和歌集」などがあります。それは現在の古典の原典となっているものです。もし定家がいなかったら、「源氏物語」も今に伝わらなかったはずです。

　定家は、その生涯にわたって日記を残しました。後世「明月記」と名付けられたものです。そのうち1192年（建久3年）3月から1233年（天福元年）10月までのおよそ40年分、58巻と江戸時代の写本1巻が冷泉家に現在も伝えられ、国宝に指定されています。定家はこの日記に、天気、宮廷の様子、儀式の手順、自身の病状などとともに、客星などの夜空の記録を書きとめました。

　定家の生きていた時代、突然に見慣れない星（客星）が輝くなどの天の変化は、天すなわち神の意志で、何かを人の世に告知している印だと考えられていました。だから人々は、天を恐れ、その変化を観察し、その意味を知ろうとし

ました。当時の貴族の多くは、定家と同様、たくさんの著作があり、中には天空の記録もあったはずです。しかし残りませんでした。「明月記」を残し伝えた冷泉家の業績は大きなものです。

「明月記」の寛喜2年11月1日（1230年12月6日）の条に、その前々日の10月28日、「西方に客星が出て、はなはだ不吉なことだと皆が言っている」と記しています。記事は3日にも続き、「夜天が晴れ、奇星が見えた。この星は朧々<ruby>朧々<rt>ろうろう</rt></ruby>として光は薄くその勢は、小さくない」とあります。

定家は、この不思議な客星は、天が人間界に異変を告げているのだ。何を告げているのかと、当時の天文学と暦学をつかさどっていた安倍晴明の子孫、陰陽師の安倍泰俊に問い合わせの手紙を送りました。11月8日になって、泰俊から返事がやって来ます。過去に現れた客星が、何年何月何日に、どの方角に見えたかということが8例にわたって書かれていました。この手紙を定家は日記に貼りました。

定家の「明月記」に貼られた、安倍泰俊が書いた客星出現の記録8件のうち、1054年（天喜2年）の客星こそが、その方向といい、明るさといい、一夜にして突然現れた超新星、すなわち「かに星雲」となった星の爆発であることが、計算上のデータと一致して、証明されたのです。現在では泰俊の記録8件のうち3件が超新星と考えられています。世界の天文古記録の中で、最も重要な文書です。

神田茂（1894～1974年）という天文学者がいました。彼は東京天文台（現在の国立天文台）を退官した後、日本の天文古記録を調べ、史料集を出版しました。その記事の中に、定家が「明月記」に貼り付けた、安倍泰俊の客星の記録も入れました。これに着目したのが、アマチュア天文学者射場保昭<ruby>射場保昭<rt>いばやすあき</rt></ruby>（1894～1957年）です。英語に堪能であった彼は、これをアメリカの天文雑誌に発表しました。

18世紀に発見された「かに星雲」は、20世紀になってから膨張していることがわかりました。この星雲は、超新星が爆発した残骸であるという説が出て、その爆発が11世紀であったことが、計算で求められました。それを証明するために、900年ほど前に急に輝いた星の記録を、世界中に捜したのが、オールトとメイヨールです。その時彼らの目にとまったのが、射場保昭が英文で紹介した「明月記」でした。

（ 9 /26 〜 9 /30、11/23 〜 11/27）

グリニッジ天文台の博物館の「世界の天文学の歴史」のコーナーには、「明月記」の記録に対応する解説がある（2014年撮影）

世界に発信したアマチュア天文家 射場保昭

「**明**月記」の客星の記録を英文で紹介した射場は、自宅に射場天体観測所を開き、アマチュア天文家として活躍していました。また欧米の天文学者とも交流があり英国王立天文学会会員になっています。彼の天文活動は1930年代のみで、後世長らく射場の正体はなぞでした。2009年のある会合で冷泉貴実子さんが「私はその英語に訳された方がどんな方だったのか、一度お礼のひとつでも申し上げたいです」と質問しました。

冷泉貴実子さんの質問に答えて射場の正体を明らかにしたのは竹本修三京大名誉教授でした。教授は2010年までにわかった射場の功績をまとめた上で、生没年や本職については依然不明であると報告しました。しかし、2012年に報告を読んだ射場の次男満家さんが教授に連絡し、射場の素顔が判明しました。彼は神戸の肥料輸入商として国際的に活躍する傍ら、花山天文台の山本一清や東京の神田茂と親交があったのです。

射場の素顔や功績が判明したことをきっかけに2014年に京大総合博物館「明月記と最新宇宙像」展が開催され、射場も大きく取り上げられま

「明月記」中の客星記録を欧米に紹介した射場保昭（1894〜1957年）。肥料輸入商を営む傍らアマチュア天文家として活躍した（射場満家氏提供）

ANCIENT RECORDS OF NOVAE (STRANGE STARS)

"Meigetsuki" which is in reality the diary of the Aristocrat, Sadaiye Fujiwara, offers valuable reference in this line. In 1230, there was an apparition of Nova, and this seemed to have led him to compile a list of strange stars observed in the past.

According to the records contained therein, the apparitions occured in the following years:

877, 891, 930, 1006, 1054, 1166, 1181 A.D. (These are not the total).

Of the above mentioned the fourth which was detected on 2nd of 4th Moon, 1006 was so luminous that the people could see it without any difficulty.

It looked like the moon at its quarter phase.

According to Mr. Shigeru Kanda, the constellation in which apparition occurred was the Lupus and the record was identified in the annals of Chinese origin. He also reveals the fact that this was observed for 10 years in China, witnessed in the East at dawn in November, and dipped under horizon in S. W., in August every year.

That of 1054 appeared in the region of ζ Tauri and was as bright as Jupiter.

「明月記」の客星の記録を英文で欧米に知らせた射場保昭の記事。「木星くらい明るく光った」という一文が決め手となり、かに星雲と一致することがわかった　Yasuaki Iba,"Fragmentary Notes on Astronomy in Japan"*Popular Astronomy*, vol.42（1934）：251

した。これを記念して小惑星9432がイバと命名されました。「明月記」には超新星の記録が3例記されており、1文献の中に残されている数としては世界最多です。日本天文学会は「明月記」を2018年度に日本天文遺産の第1号に認定しました。射場の功績がいかに重要だったかわかります。

（11/28 〜 11/30柴田一成）

オールト博士は京都賞受賞（1987年）の際、「明月記」を見学した。右端は佐藤文隆京大教授（当時）

かに星雲とSN1054 ──オールトと「明月記」

◆

佐藤文隆

　京都賞（86頁）を受賞するために1987年11月に京都を初めて訪れたオランダの天文学者オールトは藤原定家の「明月記」の原本を見たいと希望され、烏丸今出川近くの冷泉家へ私が案内しました。

　「明月記」にはいくつかの「客星」の記述があり、オールトが第2次大戦後に研究したかに星雲が1054（天喜2）年の超新星爆発による客星だったのです。

　かに星雲は天文学ではよく知られた天体です。しかし、1950年代から電波やX線でも観測されると、この天体はシンクロトロン放射というメカニズムで光っていることが分かりました。天体の光はふつう高温の物体の熱放射です。ところが、かに星雲では磁場の中をほぼ光速の電子が運動していることで光っているのです。オールトたちは電波や可視光の偏光の観測でこれを確かめ、後にX線観測でも検証されました。

　かに星雲の中心部には33ミリ秒周期で光る星（パルサー）があります。これ

は高速で回転する中性子星です。「明月記」の日記にある客星が、恒星進化終末での超新星爆発であり、爆発の残骸が今も飛び散っているのが、かに星雲です。爆発から約千年後が今の姿で、あと数千年は輝き続けるでしょう。太陽などの恒星は核融合エネルギー（原子核反応の発するエネルギー）で光っていますが、その燃料が切れた終末の姿が中性子星（パルサー）やブラックホールなのです

1054年7月4日未明（天喜二年四月中旬以後）に出現した超新星（SN1054）の想像図（作花一志作成）

（100頁「星の進化」）。

　超新星などの客星の記録は、東洋の天文学には残されていますが、なぜか西洋の記録には残されていません。この違いは、近代以前、東洋と西洋で天空観測の目的が異なっていたことを示しています。西洋では宇宙の規則性（不変性）に関心があり、それから逸脱した出来事は無視されました。逆に、東洋の関心は天変に向けられました。天は地上のまつりごとへの警告を発すると考えていたので、天の異変から地上の異変を予知しようとしました。

（11/15 〜 11/18）

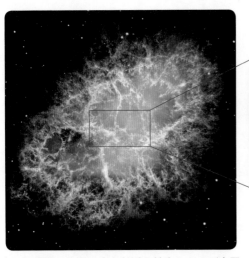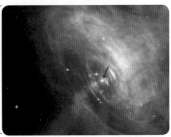

かに星雲。左図の中心付近を拡大したのが右図。右図に矢印で示した一番明るい箇所が中性子星（パルサー）。左図はハッブル宇宙望遠鏡による観測。右図は同望遠鏡可視光観測（赤）にチャンドラ衛星のX線画像（青）を合成
©NASA, ESA, J. Hester（Arizona State University）

源平合戦時代の超新星SN1181

1181年8月7日（治承5年6月25日）午後8時ごろに出現した超新星（SN1181）の想像図。北東の空カシオペヤ座のWの左端に客星が現れたという。山は比叡山（作花一志作成）

「明月記」には三つの超新星の記録があります。20頁でご紹介した最も明るかったSN1006、最も著名なかに星雲（23、30頁）、そしてSN1181です。SN1181は前の二つと比較すると大変地味だったようです。「明月記」の記述には「治承5年6月25日（1181年8月7日）、王良星や伝舎星の近く（カシオペヤ座ときりん座周辺）に客星が現れた」とあり、鎌倉幕府が編纂した歴史書「吾妻鏡」にも載っています。「吾妻鏡」の内容はほとんどが政治で、天文学が載ることはないとお思いかもしれませんが、そ

こに陰陽道の威力があります。陰陽道では天体異変は天皇の治世に対する天の通信簿ですから、超新星出現は無視できなかったのです。しかし内容は、京都の公家の記録からの引用のようです。

　こんな地味な超新星も、その残骸となるといろいろ話題を提供した立役者になりました。平清盛はこの年の３月20日（閏２月４日）に死去しました。「平家物語」には「熱病で体を冷やす水が蒸発した」と、一代の英雄にふさわしい壮絶な死の記録があります。彼の死の６カ月後にSN1181が出現したのですが、その場所を観測したところ、X線で広がった放射と中心に小さな天体が見つかりました。これが半径10km程度の中性子星と確認され、SN1181が太陽質量の10倍をこえる星の最期の爆発であることがわかりました。

　中性子星は生まれた直後は大変高温ですが、時間の経過とともに徐々に冷えていきます。現在何度まで冷えているかの理論計算がありますが、実際にSN1181が生んだ中性子星の温度をX線で測定したところこの理論の予測値よりはるかに低いものでした。

　既存の理論では中性子星は電子ニュートリノという素粒子が熱を持ち去ります。その理論から予測するとSN1181中の中性子星は冷えすぎだったのです。そこで新しい理論が登場します。少し前にノーベル賞に輝いた最新の素粒子論です。それによればニュートリノにも３種類あり、それらが全て冷却に関与すれば冷却のしすぎは説明できます。すると本体は中性子星ではなくもっと密度の高いクオーク星かもしれないのです。

（8/7 ～ 8/11小山勝二）

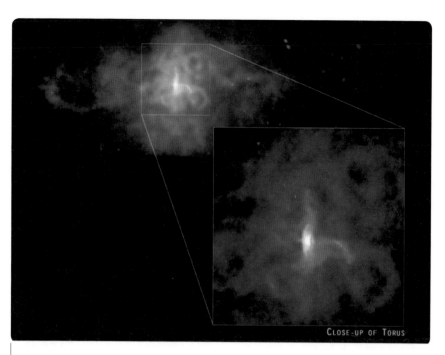

CLOSE-UP OF TORUS

超新星残骸SN1181（カシオペヤ座）。「明月記」に記載された超新星3例のうちの一つ
（チャンドラX線天文衛星が2000〜03年に撮影）©NASA/CXC/SAO/P.Slane et al

天文博士　安倍晴明

「明月記」の超新星の記録（23頁）は、安倍晴明（921〜1005年）の子孫が観測したものでした。安倍晴明といえば多数の文芸作品によって妖術師のようなイメージが定着していますが、彼の肖像画や絵巻物として何種類か伝わるものはすべて室町・江戸時代に描かれたものです。実際にはどんな人だったのでしょうか。

晴明神社内にある安倍晴明像

　安倍晴明が生まれたのは921年2月21日（延喜21年1月11日）といわれています。誕生地は摂津の阿倍野、大和の桜井また関東の筑波という説もあります。彼は84歳という、当時としては超長寿を全うしますが、彼の前半生はなぞに包まれています。40歳で天文道を学ぶ学生（陰陽寮の天文得業生）になり、52歳で天文博士となってからは天文観測・密奏や加持祈禱の儀式など多忙な業務を行っていたとされます。いわば陰陽寮の中級官僚であり、超能力呪術師ではありません。

　陰陽師は朝廷の正式な役人であり、占い・祈禱だけでなく天文観測・暦作成なども行っていました。天文博士としての安倍晴明は日食、彗星、惑星と恒星の接近などを天変として記録しています。天文博士になって間もない975年8月10日（天延3年7月1日）には、皆既日食が起こりました。

初の皆既日食記録で、この種のものではわが国最初の記録です。

　986年7月31日夜（寛和2年6月22日）、花山天皇は藤原兼家の陰謀で退位出家させられてしまいます（花山天皇退位事件）。御所を抜け出した花山天皇は京都市山科区の元慶寺（花山寺）で出家しますが、晴明がこの事件を示す天変（天空の異常現象、39頁）を見たと叫んだのは、ちょうど花山天皇が晴明の屋敷（現在の西洞院通上長者町）の前を通る時だったと歴史物語「大鏡」に記されています。晴明はこの事件後65歳から遅咲きの出世街道を歩き、兼家・道長の信任厚く晩年は播磨守などの官職を歴任、従四位下にまで昇りました。

　彼はほかにも多数の犯（惑星恒星の異常接近など）の予告や報告をしています。989年の夏には彗星出現を報告しました。「日本紀略」によると7月上旬から8月中旬まで見えていました。この彗星はハレー彗星で、この天変のため永延3年から永祚元年と改元されました。なお、この彗星出現は中国（宋）や高麗にも記録がありますが、わが国の記録の方が早いようで

花山天皇が出家した元慶寺（花山寺）。京都市山科区北花山にある。877（元慶元）年に建立された天台宗の寺院。僧正遍昭を開基とする。花山天文台の麓にある（京都千年天文学街道提供）

す。また、18世紀フランスの天文学者パングレの著書には触れてあるようですが、ヨーロッパにはこの時代の記録はありません。

　晴明は没後、天文博士としてよりも陰陽師としての名声が広まっていきました。晴明を祀った神社や彼の墓といわれるものはいくつもあります。彼の名前は宇宙までも広がり、「セイメイ」と名付けられた小惑星があります。

　京都市上京区の、堀川通一条を上がったところの晴明神社は、いまやパワースポットとして有名になりました。夏から秋にかけて境内には多数のキキョウが咲き乱れ、いたるところに見られる☆印は五芒星または晴明桔梗、セーマンなどとも呼ばれています。創建は1007（寛弘4）年、当時の御所から見ていわゆる鬼門に位置しています。晴明は没後も御所の鬼門を守っていたのです。戦国時代、他の多くの寺社と同じく衰退しましたが、江戸時代に再建されました。

　千年の都、京都は文化遺産の宝庫であり、天文学の分野においても、貴重な記録や史跡がたくさん残っています。

晴明神社（京都市上京区）

NPO法人花山星空ネットワークでは、これらの貴重な財産を観光資源として有効に使うことを目指し、これらの史跡を巡るコースを「京都千年天文学街道」と名付け、解説付きのまち歩きツアーを実施しています。現在6コースを開設していますが、そのほとんどに安倍晴明が登場します。

「京都千年天文学街道」では、晴明の勤務地だった陰陽寮跡（二条城付近）、花山天皇が出家する夜中に通ったといわれる晴明旧宅跡、一度死んだとされる晴明が不動明王の助けによりこの世に帰ってきたときの「蘇生の印」が納められている真如堂などを訪問します。また「晴明塚」という名の塚は全国に多数ありますが、その本家本元はJR嵯峨嵐山駅の近くにあります。めったに訪れる人もいなく、ひっそりとたたずんでいます。

（5/8 ～ 5/12、2/21 ～ 2/23作花一志）

┤ まめちしき ├

晴明が見た「天変」とは

当時、天変は天からに警告と考えられていました。天変の意味を解釈し朝廷に報告することは陰陽師の重要な任務でした。この日に起こった天変を探してみると木星のてんびん座アルファ星への異常接近、月のすばるの前面通過が考えられますが、晴明が叫んだ時刻に合うのは後者です。

安倍晴明と星形

晴明神社は安倍晴明をおまつりする神社ですが、この神社の提灯^{ちょうちん}やお守りなどに星形が描かれています。晴明が天文博士で星を観測していたからでしょうか。実はそうではありません。今では☆は星を意味する記号となっていますが、かつてアジアでは星を〇で表していました。江戸時代までの日本・中国・韓国の星図に描かれている星は丸い点でした。今でも相撲で格下力士が横綱を負かすと「金星」を取った、勝つと「白星」、負けると「黒星」といって星取り表に〇や●を書きます。斑点のあるカレイをホシカレイ、斑点のあるカラスをホシガラスと名付けるなど、星は丸い形で表されていました。

　現在の星形☆は晴明桔梗^{ききょう}と呼ばれ、東西を問わず、魔よけとして用いられてきた形なのです。星形は一筆で書ける不思議な図形です。悪霊や鬼がこれを見て、切れ目がない形に惑わされ、この文様の内側に入り込めないというものです。鬼がこの一筆書きで書ける図形を見て目を回しているうちに逃げる、そんな意味があるようです。かごめ模様も同じ効果があると考えられていました。大きな社寺の鬼門にあたる屋根の鬼瓦で見つけられます。かつて伊勢、鳥羽、紀州の海女は、魔よけに星形が描かれた手ぬぐいを鉢巻きにして潜っていました。

　かつてのバビロニアでは星形の頂点は5惑星（水星・金星・火星・木星・土星）に対応させていました。古代エジプトでは、ヒトデをかたどって星を☆形で表していました。古代ギリシャ時代には、ピタゴラス教団で用いられていました。中国や陰陽道では五行説（木火土金水）を表す形で魔よけの呪符です。真如堂絵巻によると、急死した安倍晴明が真如堂の不動明王の力で再生した時、閻魔^{えんま}大王からこの星形を授けられたということです。(5/13 ～ 5/16西村昌能)

安倍晴明の子孫「土御門家」

安 倍晴明自身は天文道、暦道、陰陽道の大家で公家でした。室町時代に公家は住居が面した通りの名を家の名にしてきます。この時、安倍家は土御門を名乗るようになりました。15世紀後半に応仁の乱が起こると、土御門有宣は戦乱を逃れるため若狭へ疎開しました。江戸時代、家康の命で京へ戻った土御門家は八条御前梅小路に広大な屋敷を構え、ここで暦作成や天文観測を行いました。18世紀後半に西洋天文学を取り入れた幕府天文方が江戸にできてからは暦と陰陽寮を統括して活動することになります。

　疎開先の若狭では3代久脩が都に戻る1600年まで道教の神、泰山府君をおまつりしていました。現在、福井県おおい町名田庄村納田終には陰陽道の土御門神道本庁があり、さまざまなおまつりをされています。神社には☆形文様が見られます。また、付近には暦会館が設置され昔の天体観測や陰陽道について詳しく解説されています。

(5/19 ～ 5/18西村昌能)

1 天地人を詠む

天地人をキーワードにして俳句を分類することを試みました。宇宙・太陽・月を詠む、また地球を詠む、そして人を詠むというように、俳人たちは天地人の世界のさまざまから得た感動を17音に託してきました。人の目線より上の現象を詠んだ句は天に、下を見た句は地に、人を見ている句は人に分けました。分類してみると俳人の個性が出ていることがわかり、年とともに変化することもわかります。　　（4/25尾池和夫）

第2章

京滋の歴史

古代のオーロラ出現記録
―京都でも見えたオーロラ

1770年に名古屋で観測されたオーロラのスケッチ（高力種信「猿猴庵随観図絵」より、国立国会図書館蔵）

古来、人々は空を見上げてそこで起きる天変を記録してきました。こうした古い文献中の記録は現代の天文学にとっても重要な情報をもたらします。よく知られているのは、前章でも紹介した超新星爆発の記録です。最近でも、15世紀に朝鮮半島で記録されていたさそり座の客星が恒星と白色矮星（100頁）からなり、時折急激に増光する「新星」という現象だったことが突き止められるなど、新たな発見が続いています。

太陽面の爆発（太陽フレア、129頁）が起きると宇宙空間に磁気を帯びたガスの塊が放出され、それが地球の磁気圏に衝突すると、地球の磁場が乱れる「磁気嵐」が起き、オーロラが発生します。通常オーロラは緯度の高い地域で発生しますが、強力な太陽フレアが起きて強烈な磁気嵐が起きると、オーロラが低緯度側に広がります。低緯度地域の文献にあるオーロラの記録は、過去の巨大太陽フレアの証拠になるのです。

　太陽活動が激しい時期には、まれに北海道でオーロラが見えたというニュースが報じられます。北海道で淡いオーロラが見える程度の太陽フレア・磁気嵐は10年に１回程度の頻度で起きていますが、もっと長い時間をさかのぼると、実は京都でも過去に明るいオーロラが見えたことが知られています。古くは「明月記」にもオーロラの記録が残っています（132頁）。一番最近見えたことがわかっているのは1770（明和７）年で、京都を含む日本中で記録されています。「星解」という書物には京都で描かれたオーロラの絵も残されています。これらの記録の調査から、このオーロラは近代観測史上最大の磁気嵐（1859年）と同程度の規模であったと考えられています。現代の地球でこの規模の磁気嵐が起きると、人工衛星の故障や通信障害、停電などが起こり、その被害額は200兆円に及ぶと試算されています。

フィンランドで撮影されたオーロラ（2003年12月31日、杉野文昂撮影）。縦の筋模様は地球の磁力線を表している

ちなみに、近年まで最も古いオーロラの記録は、紀元前7世紀半ばから前1世紀半ばにかけてバビロンで行われていた天文観測等の記録「バビロン天文日誌」に残されていた前567年のものでした。粘土板に楔形文字で刻まれたバビロン天文日誌には、空が数時間赤く光ったなどの記述がありました。

　2019年に大英博物館所蔵の粘土板「アッシリア占星術リポート」を詳しく調べた結果、前660年ごろのオーロラ記録が発見され、もっとも古い記録は更新されました。

　古い文献から過去のオーロラや天体の活動などの記録を探すことの意義は、自然科学研究に役立つことだけではありません。これらの文献には天変地異の記録だけでなく、人々がどのように反応したかもしばしば書き込まれています。歴史学者と自然科学者が一緒に文献を読むことで、人々がどのように自然を理解し、どのように災害に対処しようとしてきたか、その歴史を読み解くこともできます。

（12/14 〜 12/19磯部洋明）

紀元前680年〜前650年頃のオーロラ様現象を示す粘土板の模写。「赤光」（赤線で囲んだ部分）の楔形文字が記されていた。大英博物館所蔵「アッシリア占星術リポート」の三津間康幸氏による模写

楔形文字の翻訳　　〔　〕内は欠損部分の復元
1行目　シヴァン月に赤〔光が輝いたらば〕
2行目　敵対が〔国にあることでしょう〕
3行目　赤光が〔南風に乗ったらば〕
4行目　その日は〔曇りゆくことでしょう〕
5行目　赤光が〔天頂に光り続けたらば〕
6行目　国は〔乱れるか小さくなることでしょう〕

都の方位と二条城

京 都の街並みは東西南北に整然と配置され美しいものです。東西の通りを条、南北は坊といいました。考古学の成果から、坊の方位はほぼ南北であることが分かっています。平安京では、南北からのずれは角度でわずか23分（1分は60分の1度）だけです。実際の長さですと1km北へ進むと西へ7mずれます。東西（条）もほぼ同じ精度で決められています。結構正確に南北が決まっているのです。どんな方法で決めたのでしょう。

　平安京など日本の都は中国をモデルにして造られました。中国の「周髀算経」や「淮南子」といった古典に方位を決める方法が書かれています。それは、高さ約2.4mの「表」という棒を垂直に立て、これが中心になるように円を描きます。棒の先端の影がたどる曲線と円との二つの交点を結ぶと東西線が書けるのです。ピラミッドもこの方法で方位が決められたといいます。都の方位は東西が先に決められたのです。

　784年に造営された長岡京の方位は他の都に比べると、より南北線が実際の方位に近いです。その10年後に造営された平安京は1km北に行くと西に7mずれましたが、長岡京は西へ2mずれるだけで精度が良いので

東に傾く二条城。地図で見ると京都の街並みが南北にそろっているのに二条城は東に3度傾いている。この傾きは二条城建設当時の磁気の北極の方向を示している

す。また、平安京と平城京のずれは全く同じです。このことは長岡京は現地で方位測定していたのに対し、平安京では平城京の上つ道、中つ道、下つ道という幹線道路を利用して北へ延長したためと考えられます。

　二条城（京都市中京区）の東に広大な駐車場があります。南から北に向かっていくと面白いことに気付きます。北に行くほど駐車場の東西の幅が狭くなっているのです。これは二条城が東に3度傾いていることが原因です。なぜでしょうか。二条城は江戸時代初めに方位磁石を利用して築城されたようです。実は地磁気の向きは長い年月の間に変化し、当時の地磁気の北極は現在より東を向いていたからでした。磁石を使用した理由は謎です。

（1/15 ～ 1/18西村昌能）

京都府に伝わる天女伝説

◆

　かぐや姫は月から来た天女です。「竹取物語」では自らを「月の都の人なり」と言っており、満月の夜に迎えに来た月の都の王が姫に敬語を使うことから姫は高貴な身分で、しかも月で罪を犯して地上に送られたのでした。姫は五貴人から次々と求婚され、物語は波瀾万丈の展開になっています。天皇も裕福な求婚者たちもやり込められ、かなり庶民感覚の強い物語となっています。

　「古事記」には、開化天皇の孫に大筒木垂根王がいて、彼の娘に迦具夜比賣命がいたとあります。筒木とは竹のことで、現在、綴喜郡にその名前が残っています。また竹が南方起源であることから、竹取の翁は竹を扱う南九州の庶民出身ではないかと考えられます。旧綴喜郡内の京田辺市大住地区は奈良時代に大隅半島から隼人が移住した地と考えられ、隼人舞を伝承する月読神社があるのでここを「竹取物語」の故郷とする説があります。

　また「丹後国風土記」には、京丹後市峰山町比治山の真井に降り立ち水浴びをしていた天女8人を見つけた老夫婦が一人の天女の羽衣を隠したとあります。天に帰れぬ天女に翁が「私たちの子になってほしい」と頼み、10年以上経ました。天女は酒造りをし、老夫婦は大層裕福になりましたが、手のひらを返すように「お前は私たちの子ではない」と追い出し、天女は流れ流れて同市竹野奈具社の豊受神になったということです。（9/17～9/19西村昌能）

天女が水浴びしたという伝説が残る磯砂山
（京都府京丹後市）

渋川春海

日本で初めて独自の暦の作った渋川春海（安井算哲）は380年前の1639（寛永16）年12月27日に生まれました。もともと囲碁の大家でしたが、陰陽道を土御門泰福に学ぶなどして天文・暦の知識にも通じていました。

当時、朝廷による公式の暦は「宣明暦（京暦）」でした。ただし、862年に唐より輸入したものだったため、江戸時代には月食・日食の予報など太陽の運行に誤差が生じてきました。そのため各地で独自の暦が作られました。そこで春海は、土御門泰福に教えを請い、彼の自宅庭に天文台を作り、天体観測を続けました。この結果に基づいた暦で日食・月食を見事に予言し、貞享元（1684）年に国産の「貞享暦」を作りました。この功により翌年に初代幕府天文方に任ぜられました。

朝廷の陰陽寮所轄の編暦権限は、天文・暦博士を世襲した土御門家にありましたが、渋川春海が作成した「貞享暦」により、江戸幕府に移ってしまいました。

「貞享暦」より数十年後、土御門泰福の養子、泰邦は暦編纂の実権が幕府天文方に完全に移ってしまうのを危惧し、独自の天文台を造り観測をしました。その天文台の遺跡は京都市下京区の梅林寺と圓光寺の庭にあります。これらは現存する日本最古の天文台遺跡といえるでしょう。

天文方は世襲制で、幕末まで渋川家などが継承しました。明治維新のころ一時、土御門家が編纂権を取り戻しますが、すぐに明治政府は太陽暦を採用することを決定し、土御門家の役割は幕を閉じました。

暦は天体の運行に基づいて作られます。太陰暦は月の、太陽暦は太陽の運行を基本として日本の古来の暦も月の運行を基本にしていました。だか

⦅左⦆圓光寺の渾天儀（月や惑星、恒星の位置を測定する赤道儀の一種）の台座と⦅右⦆梅林寺（土御門家の菩提寺）にある圭表（夏至冬至の時刻を精密に測る日時計の一種）の台座。ともに八条梅小路の土御門屋敷内の天文台にあった観測機器

ら月の半ば15日ごろが満月になります。一方これは太陽の運行とは合致しないので、閏月などを入れて補正します。これを太陰太陽暦といいます。江戸時代に改定された「貞享暦」も太陰太陽暦です。

　なお、真意は不明ですが、天下統一を目指した信長は暦の編纂権も朝廷から奪い、三島神社による三島暦で統一しようと企てたようです。幸か不幸かこの陰謀は明智光秀の謀反で水泡に帰しました。なお本能寺の変は旧暦6月2日でしたから、新月はその前夜にあたります。

（12/27 〜 12/31小山勝二）

渋川春海の天文図

渋川春海は、1670（寛文10）年に単独の木版印刷星図としては日本最初の「天象列次之図」を安井算哲の名で、1677（延宝 5 ）年には保井春海の名で「天文分野之図」を出版しました。後者では星占い用に天の各部分と日本の各地方との対応を定めました。両図は朝鮮の「天象列次分野之図」をもとにしていますが、1699（元禄12）年には自身の観測による「天文成象」を息子の名で出版し、中国式星座のほかに日本の社会を反映させた独自の星座61個を加えました。美しい「天文図屏風」も残しています。

（1/14宮島一彦）

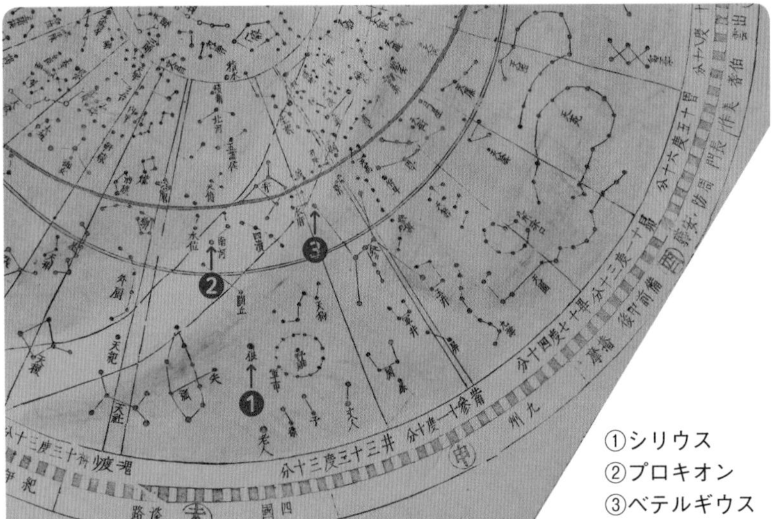

①シリウス
②プロキオン
③ベテルギウス

渋川春海「天文分野之図」（1677年出版）。渋川春海が中国の星図をもとに作った星図。シリウスは狼、プロキオンは南河、オリオン座の三ツ星は参と記されている（国立天文台蔵）

橘南谿と岩橋善兵衛

江戸時代後半には天文書もたくさん輸入されてきました。将軍徳川吉宗自身が江戸城に望遠鏡を設置して月や惑星を観察したといわれています。古代から京都では多数の先進的な天文研究が行われてきましたが、わが国最初の天体観望会もまた京都で行われたのです。それは1793（寛政5）年、京都の医者橘南谿の伏見の別宅・黄華堂でのことでした。そこは現在の観月橋あたり、南に巨椋池を望み、当時から名月観望の地として知られていました。

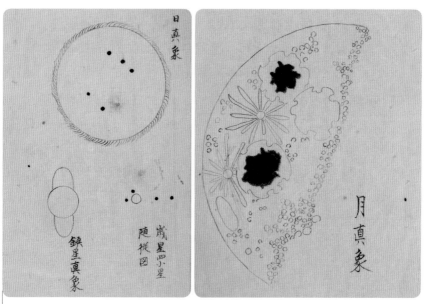

1793年に岩橋善兵衛が作った屈折望遠鏡により伏見で開かれた日本最初の天体観望会でスケッチされた太陽黒点、土星、木星とガリレオ衛星および月（橘南谿著「望遠鏡観諸曜記」、国立天文台提供）

橘南谿は1753（宝暦3）年、伊勢久居（津市）に生まれ、京に上り、医師となりました。人体解剖をおこなって臓図を出版したり、全国を旅して紀行文がベストセラーになったりして当時の有名人でした。黄華堂は文化人の集うサロンでした。観望会の参加者は彼の友人12人でしたが、岩橋善兵衛が自作の屈折望遠鏡を持ち込んで、月・惑星・星雲・星団を眺め、天の川については「細小の星数十百千 聚 て、紗 嚢 に蛍を盛ごとし」と自著に記しています。

　岩橋善兵衛は1756（宝暦6）年、泉州貝塚の魚屋の生まれですが、独力でレンズ磨きの技術を習得し眼鏡屋として独立しました。オランダ渡来の望遠鏡を見て、苦心を重ね、独自に製作技術を考案しました。38歳の時、自信作の望遠鏡を持って伏見の観望会でデビューし、その後多数の望遠鏡を製作販売します。望遠鏡製作は岩橋家に秘伝として、受け継がれていきました。これらの望遠鏡は大阪府貝塚市の「善兵衛ランド」で見られます。

（8/25 ～ 8/27作花一志）

発明王 国友一貫斎

国友一貫斎（1778～1840年）は近江国国友村（長浜市）の幕府の御用鉄砲鍛冶職の家に生まれ、17歳で鉄砲鍛冶の年寄脇という職を継ぎました。国友村は戦国時代以来の鉄砲生産地ですが、江戸時代後半には需要が減っていました。彼は非常に好奇心が強く器用な青年で、武器としての鉄砲や弩弓以外に気砲（空気銃）、懐中筆（筆ペン）、魔鏡、距離測定器などを発明しました。中でも特筆すべきはわが国最初の反射望遠鏡の製作です。

国友一貫斎が製作した反射望遠鏡
（上田市立博物館蔵、重文、渡辺文雄氏
撮影）

一貫斎は若いころ江戸でオランダ渡来の反射望遠鏡を見て製作意欲をか
きたてられましたが、実際に製作を始めたのは50歳を超えてからです。最
も苦労したのは鏡の製作で、銅と錫の合金の割合を変え、回転放物面へ研
磨する実験を何度もくり返しました。これらの技術は蘭書を見ながら試行
錯誤の結果でした。2年後、ついに鏡の口径6cm全長40cm倍率60倍の望
遠鏡が完成しました。彼はそれを通して何を見たのでしょうか？

　一貫斎が最初に見たのは、やはり月でした。大小さまざまなクレーター
に満ちた月面、次いで木星およびその衛星、土星の環および衛星、欠けた
金星など、彼が夢中で描いたスケッチが残っています。さらに太陽の黒点
のスケッチ、それは1年余りの連続観測です。200年前のガリレオのよう
な興奮を感じた彼は、望遠鏡製作者というだけでなく天体観測者としても
名を残しました。ただし星雲・星団・彗星の観測記録はないようです。

　晩年の国友一貫斎は望遠鏡製作も天体観測も行っていませんが、それは
天保の飢饉で飢えた村民を救うため、望遠鏡を諸侯や富商に売却したた
め、といわれています。彼の製作した望遠鏡は現在4台残っていて、うち
3台は彦根・長浜に、1台は信州の上田にあります。今でも鏡はきれいで
十分観測に適しています。もし岩橋善兵衛と出会っていたら、互いに自慢
の望遠鏡を披露しながら楽しく観望会を開いていたことでしょうね。

（8/28 ～ 8/31作花一志）

伊能図の中心線

伊 能忠敬（1745 ～ 1818年）は地図作成のため全国を歩き回りました。伊能図には縮尺によって大図、中図、小図の 3 種類があります。中図、小図には、経緯度線に当たるものが書かれています。その経線の中心線「中度」は、今でいう御前通付近に書かれて、当時の三条西改暦所と土御門梅小路屋敷を通っていました。経線は中度から西一度、西二度、東一度、東二度と広がっています。江戸時代の京都には、日本の中心線が通っていたのでした。

　伊能図を詳しく見ると、△（仏寺）、〇（宿場）、□（城下）などの他に☆がたくさん描かれています。この星形☆は、忠敬が宿場などで夜を過ごすときに天体観測をして観測地の緯度を調べた場所を示しています。緯度を丁寧に測定したので、伊能図の南北方向の精度はたいへん良いものになりました。しかし、当時の観測技術では経度の測定が難しく、東西に広がる西日本は現代の地図に比べて多少ひずんでいます。

　伊能忠敬の師 高橋至時の息子景保は西洋式の等級を区別する星図を作りました。景保の星図では、星形（☆）が四等星を表していました。忠敬の息子忠誨も西洋式の星図を作りますが、この時は星形のはんこを利用しています。忠敬はこの西洋式の星図にヒントを得て星形を用いたのでしょうか。地図に多数の星形を書く必要があったので空の星を地図の上にも利用したのでしょう。

　伊能忠敬が京を訪れた時、良く訪れていた場所があります。それが高橋至時らが進めた享保暦の精度を確かめるため天体観測を行った三条西改暦所です。観測が終了して改暦所が廃止された後は、農民たちが土地を幕府から払い下げを受け農地にし、改暦所跡を西三条台村と称したといわれて

いCQます。明治以降、鉄道が敷設され、二条駅ができ、現在、周囲は住宅が密集しています。三条西改暦所の場所は京都市中京区西ノ京西月光町あたりと推定されています。

（6/26 ～ 6/29西村昌能）

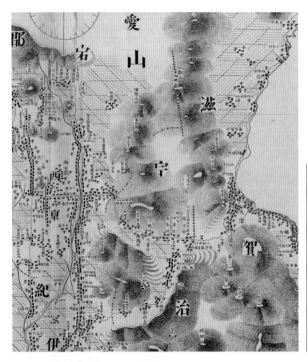

伊能図大図の縮尺は３万６千分の１。この京都の地図は明治時代に旧海軍水路部が模写したもの。測量した道程が赤線で、天体観測した地点（天測点）が手書きの☆で表されています。神泉苑・三条西改暦所跡付近で天体観測をしていたのがわかります（「伊能図謄写図」海上保安庁海洋情報部蔵）

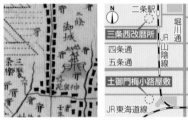

伊能忠敬の天体観測地

日本最初の天気図

「日本初の印刷天気図（明治16年３月１日６時）」（気象庁ホームページより）

日本最初の天気図は1883（明治16）年3月1日のものです。伊能図は明治時代になっても日本地図の基本になっていました。またこの天気図には、アルファベットで午前6時Kioto時（京都時）と書かれています。同じ日の天気報告にもKioto時の他に16分遅いTokio時（東京時）、24分進んだNagasaki時（長崎時）も書かれています。1888（明治21）年、東経135度の時刻が日本標準時となりましたが、それまでは日本の標準時は京都時だったのです。ちなみに、この京都での気象観測は現在の京都御苑内にあった京都府測候所で行われました。

（6/30西村昌能）

曽根隕石の落下

18 66年6月7日（慶応2年4月24日）、京丹波町曽根の麦畑に隕石が落下しました。この時の様子が伝えられていて、「正午過ぎ、大きな爆音が2回あり、雷が鳴るような音がする中、びゅーっと音がして何かが落下した。行ってみると土煙があがり、煙硝の臭いがした。くぼ地ができていて、掘り出すと黒色の鉱石のようだった」とあります。この隕石は現在、国

1866年6月7日（慶応2年4月24日）に京丹波町曽根に落下した曽根隕石。日本は南極で多量の隕石を採取し世界でも有数の隕石保有国です（国立科学博物館提供）

立科学博物館に展示されています。重さは17.1kgの石質隕石でした。

隕石は前触れもなく地上に落下してきますが、運よく落下の様子が記録され、宇宙空間での軌道が正確に分かっている隕石が7個あります。その軌道は火星と木星の間にある小惑星帯にありました。小惑星は軌道が分かっているだけで約54万個あります。隕石は小惑星帯にある固体物質が地上に落下したものと考えられています。中にはいろいろな証拠から月や火星からやってきた隕石と考えられているものもあります。

世界中で採取された隕石は約6万個、このうち日本国内で見つかったのは53個です。隕石の90%は石質隕石と呼ばれる岩石質のものです。これは地球でいうとマントルに対応すると考えられています。一方、鉄とニッケルの塊の隕石を隕鉄といいます。地球の核に対応すると考えられています。また、炭素質コンドライトという水や有機物を含む隕石があり、太陽系天体をつくった微惑星起源だと考えられています。　（6/7〜6/9西村昌能）

2 地球を詠む

　地球そのものを詠んだ句が私は好きです。〈水の地球すこし離れて春の月　正木ゆう子〉は大きな風景をとらえています。太陽との位置関係で暦が定義され地方時が決まります。〈元朝を一周したる地球かな　尾池和夫〉という句は地球科学者の一句です。もし地球を廻る超高速の飛行体で、日付変更線を西から東へ一日に何度も横切るとしたら、どんどん過去へいくことになるかと学生に質問を投げたことがありました。

（4/27尾池和夫）

第3章

京大と花山天文台

京大宇宙関係者系図

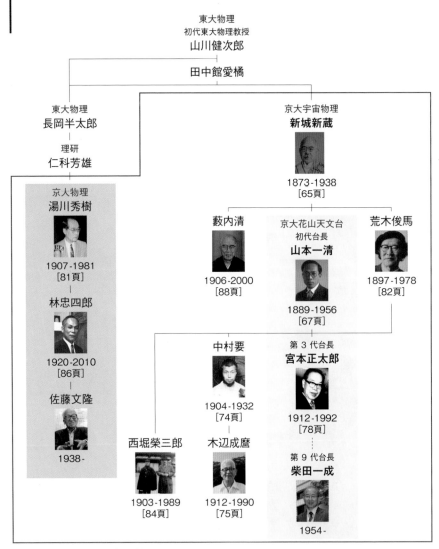

東大物理
初代東大物理教授
山川健次郎

田中館愛橘

東大物理
長岡半太郎

理研
仁科芳雄

京人物理
湯川秀樹

1907-1981
[81頁]

林忠四郎

1920-2010
[86頁]

佐藤文隆

1938-

京大宇宙物理
新城新蔵

1873-1938
[65頁]

藪内清

1906-2000
[88頁]

京大花山天文台
初代台長
山本一清

1889-1956
[67頁]

荒木俊馬

1897-1978
[82頁]

中村要

1904-1932
[74頁]

第3代台長
宮本正太郎

1912-1992
[78頁]

西堀榮三郎

1903-1989
[84頁]

木辺成麿

1912-1990
[75頁]

第9代台長
柴田一成

1954-

63頁画像／花山天文台本館（撮影・柴田明蘭）

京大宇宙物理学科を新設した
新城新蔵

花山天文台をつくったのは、京都
大学における天文宇宙研究のパ
イオニア、新城新蔵博士でした。新城
は1873（明治6）年8月20日、会津若
松で生まれ、東大で物理学を学びまし
た。1900（明治33）年に京大物理学科
に助教授として着任後、1905年にドイ
ツ・ゲッティンゲンに留学しました。
そこで、ブラックホール研究で有名な
カール・シュバルツシルト博士に会い、
博士の開拓した新しい宇宙物理学に心
酔し、帰国後、宇宙物理学の研究を始
めました。

新城新蔵は1907年に京大物理学科第
4講座の教授に就任します。当時日本
で天文宇宙研究をしていたのは、東大
星学科（天文学科）と東大東京天文台

新城新蔵博士（1873～1938年）。
京大宇宙物理学教室初代教授。
1929年に花山天文台を設立。第
8代京大総長（1929～33年）

のみでした。東大の天文学は、暦編纂を中心とする江戸幕府天文方の流れ
をくむ「お役所天文学」が主流でした。これに対し、新城は「京大では天
文学の新分野である宇宙物理学を開拓すべき」と、1921（大正10）年に第
4講座を物理学科から独立させ、宇宙物理学科を新設しました。

新城新蔵は1910年にドイツから取り寄せたザートリウス18㎝屈折望遠鏡
を時計台横にあったドームに設置しました。これが京大天文台の始まりで

す。1929（昭和4）年に花山天文台を設立後、同望遠鏡は花山天文台別館に移され、今も太陽観測で活躍しています。現役の望遠鏡としては日本最古ですが、最先端の太陽研究に活用されているのは驚くべきことです。新城は同年に第8代京大総長となりました。時計台東側に銅像があります。

（8/20 ～ 8/22柴田一成）

花山天文台ザートリウス望遠鏡。花山天文台設立（1929年）前の1910年にドイツから輸入された。現役の望遠鏡としては日本最古

世界一のアマチュア天文学をつくった 山本一清

花山天文台の初代台長山本一清^{かずきよ}は、1889（明治22）年5月27日、滋賀県栗太郡上田上村（現在の大津市上田上桐生）で、江戸時代から続く医者の家に生まれました。少年の頃から星が好きで、京都大学で宇宙物理学の講座を開設した新城新蔵の最初の弟子となり1913（大正2）年卒業。1925年に京都大学宇宙物理学科の教授となりました。太陽黒点、小惑星、黄道光、変光星など幅広く研究を推進し、1929年設立の花山天文台の初代台長に就任しました。

初代花山天文台台長　山本一清博士（1889～1959年）

夜空には星が無数にあります。その中には、明るさが変化したり、位置が変わったり、突然現れたりする星もあります。山本一清は、このような星の変化を詳しく調べるには、アマチュア天文家の協力が不可欠であることを見抜きました。そして、日本中の天文好きの市民や子どもたちを天文台に招き、また自ら日本中に出かけて天文学の普及啓発に力を注ぎました。そのおかげで日本中にアマチュア天文家が生まれました。

アマチュア天文家が発見した彗星や新星の数は、日本が世界で一番多いのです。つまり日本のアマチュア天文学は世界一ともいえ、日本のアマチュア天文家の活躍は世界中から称賛されています。山本の指導・応援によ

り発足した市民天文台やプラネタリウムも多数あります。

　山本一清は1920（大正9）年に日本で最初のアマチュア天文同好会を設立し、花山天文台が1929年に開設した後は、事務局を花山天文台に置きました。花山天文台には、日本中のアマチュア天文家が多数集まるようになり、そのため花山天文台は「アマチュア天文学の聖地」や「アマチュア天文学の発祥の地」と呼ばれるようになりました。天文同好会は1932（昭和7）年に東亜天文協会と改称し、1943年ごろにさらに改称して東亜天文学会となりました。

　しかし京大在籍当時、熱心に市民向け講演会や天文学普及のための活動を大学外で行っていたので、京大理学部教授会から「社会教育に片寄りすぎて本来の大学教育・研究をおろそかにしている」とひんしゅくを買っていました。今ではそのような批判は考えられません。時代を100年先取りしていたといえます。そんなときに望遠鏡購入経理が不明朗だと辞職勧告を受け、49歳の若さで1938年京大教授を辞職しました。

　辞職後も山本一清は活動をやめませんでした。自宅の一部を天文台に改造し、田上天文台、のちに山本天文台と呼ばれました。さらに東亜天文学会の事務局を自宅に移し、日本のアマチュア天文学の中心となりました。天文研究教育のかたわら、県知事に立候補するも落選。地元の村長に選ばれましたが1年後にリコールされてしまいました。会った人をみなファンにする自由奔放な性格は政治家には向かなかったようです。

（5/26 ～ 5/31柴田一成）

花山天文台を支えた人々

1929（昭和4）年10月19日、花山天文台が東山連峰の花山（かざんやま）山頂上に完成し、落成式が執り行われました。京大の天文台は、大学周辺の市街地の発展によって夜空が明るくなったので、天文台の移転が計画されたのです。当初は大学近くの吉田山への移転も検討されたとか。冗談のような本当の話です。

花山天文台完成時に本館に設置された英国クック社製の30cm屈折望遠鏡は、当時日本一の屈折鏡だったそうです。初代台長の山本一清はクック30cm屈折鏡を駆使し、火星や小惑星の観測で活躍、また国際

1929年、建設中の花山天文台

天文学連合の黄道光部会の委員長となりました。これは日本人としては初の国際天文学連合部会の委員長でした。

花山天文台には日本で最初のアマチュア天文同好会（東亜天文学会、68頁）の事務局も置かれ、日本中から天文愛好家が集まりました。天文同好会の会報「天界」には、花山天文台設立後、「花山だより」が連載され、今読んでも当時の活気が伝わってきます。1931（昭和6）年7月号の「天界」

を読むと、「6月18日は創立以来最初の一般公開。（中略）花山になだれ込んだ人の総数は約五千、バスの往復が約三百、（中略）電車もバスもホクホク」とあります。

　山本一清の京大退職後、上田譲が第2代台長となり、戦中戦後の混乱期の花山天文台を守りました。その上田譲の大学院生だった石塚睦は、1957年に上田の命を受けて、太陽のコロナの観測所を設置するためにペルーに渡り、30年の歳月を経てコロナの定常観測に成功します。その直後、ゲリラに観測所を爆破されるという悲劇が起こりますが、石塚はペルーにとどまり、ペルーにおける天文学教育に一生をささげました。

　花山天文台に集まったアマチュア天文少年の中には、のちの東京天文台長・古畑正秋、第3代花山天文台長・宮本正太郎、世界的なコメットハンター（彗星捜索家）・本田實たちがいます。上田譲のあとを継いだ宮本正太郎（78頁）は、1950年代後半から70年代前半にかけて、火星・月観測で活躍し、花山天文台の名を全国にとどろかせました。1960年代に出版された手塚治虫のマンガ「マグマ大使」に花山天文台の名前が出てくるのには驚かされます。

（10/27 ～ 10/31 柴田一成）

一度、撤退したゴアが再び地球侵略をたくらみ、怪物ブラック・ガロンを地球へ送り込む。花山天文台は、無数のかけらに分解したブラック・ガロンが流星のように地球に到達するシーンで登場する（マグマ大使「ブラック・ガロン現る」）

マグマ大使／1965年5月号〜1967年8月号「少年画報」（少年画報社）連載
©手塚プロダクション

古事記と宇宙、花山天文台との出合い

◆

喜多郎

　2012年2月に友人の紹介で花山天文台を訪ねました。アメリカの自宅には大きくはないが天体望遠鏡があり、月、天の川、土星、等々を見ていました。星座を見て遥か遠くに想いを巡らせることが、作曲する時のイメージにもつながっていくので、初めて花山天文台を訪れたときは気持ちがワクワクしたことを今でも思い出します。子どもの頃に戻ったようなワクワク感はいつまでも持っていたいです。

　1990年頃全米ツアーを2度終えた頃、日本の神話をテーマに作曲をしようと思い始めた時期に、「古事記」との出合いがありました。ある本の中で古事記に登場する神々がたいへんユーモラスに、また人間のように描かれていてびっくりしました。そして"黎明"という新しい世界を築いていくことが必要なんだなと思い始め、多くの物語を僕なりの音楽に変えていくことができました。

　2012年の、花山天文台での柴田一成先生との出会い以降、音楽と星空がすごく近づいて行きました。お互いが引き合うように音のイメージの世界と星座がみごとに次々と合体していきました。言葉の無い世界でも古事記の音楽と数限りない夜空の星たちとの共演が、遥か遠くの宇宙の世界に神話の世界と共に聞く人の心の中にまでも入っていき、旅をする事ができました。音楽と宇宙映像を融合させてくれた「古事記と宇宙」の出合いに感謝します。

　花山天文台野外コンサートも7回目（2019年）。毎回天候に左右されますが、ほぼ全てのコンサートで、月や星たちが演奏会を祝福するかのように不思議な夜空を楽しませてくれます。この花山天文台に野外音楽堂を創るのが夢です。

第3回花山天文台野外コンサート「月と音の夕べ～音楽誘う宇宙への
ロマン～」（2015年）でシンセサイザーを演奏する喜多郎さん

多くの人たちが星たちを見ながら遥か遠くの宇宙に夢を抱き、音楽と共に過ご
す時間を次の世代に残していきたい。2019年は花山天文台90年を祝って京大時
計台で11月24日に開催しました。

（11/6 ～ 11/9）

反射鏡磨きの天才、中村要

中村要（1904～32年）は、湖西（滋賀県西部）の真野の生まれ。同志社中学卒業後、天文への憧れから京大の山本一清天文台長の助手となりました。ほとんど独学で、内外の文献を読みあさり、当時の最先端の知識を身に付けたのです。山本の指導の下に、太陽や日食、火星や彗星、小惑星などの観測で超人的に活躍し、天文学普及活動に熱心だった山本の片腕として、著作や講演を行い多くの後進を育てました。残念ながら、若くして失明など精神的ストレスが原因で自殺しました。

反射鏡磨きの天才、中村要
（1927年7月20日撮影）

　わが国でアマチュア天文学が盛んになったのは、中村要の製作による反射望遠鏡のおかげです。当時、輸入された反射望遠鏡を見た彼は、安価に望遠鏡を作るため、自分でガラス材の反射鏡の研磨を始めました。はじめは手で磨いていましたが、アマチュアに安価な望遠鏡を持たせたいと考えた山本一清台長はこれを積極的に応援し、やがて大きな研磨機が天文台に置かれるようになりました。1930、31年（昭和5、6年）には大量の鏡が研磨され、天文愛好者たちに実費で販売されました。安価での供給が可能となり、太陽黒点や惑星などの観測者が一挙に増え、日本のアマチュア天文活動は世界的なレベルになりました。木辺成麿はそのころ、研磨を彼から教わりました。

（6/16～6/17 久保田諄）

レンズ和尚　木辺成麿
<ruby>き<rt>き</rt></ruby><ruby>べ<rt>べ</rt></ruby><ruby>しげまろ<rt>しげまろ</rt></ruby>

木辺成麿（1912〜90年）は4月1
日に生まれ、滋賀県野洲市の錦
織^{しょく}寺住職、浄土真宗木辺派門主が本
職でしたが、レンズ和尚の名でも有名
でした。少年時代から天文に興味を持
ち、中学生の時に中村要の反射望遠鏡
製作の雑誌記事を読んで、ガラス鏡の
研磨を始めました。最初はうまく磨け
ませんでしたが、京大を訪ね、中村の
指導を受けると1日で研磨することが
できたそうです。中村の弟子第1号で
す。その鏡を使った望遠鏡で月や惑
星、太陽黒点を観測しました。中学卒
業後、僧侶の修業期間中にも暇を見つ
けて花山天文台に通い、中村要のもと
でさらに研磨技術を身に付けました。

木辺成麿（本名 木辺宣慈）。浄土
真宗木辺派第21代門主。鏡磨
きの名人として花山天文台の観
測装置などの鏡を研磨した。
1970年吉川英治文化賞受賞
(82年撮影)

　中村の没後、鏡の研磨は木辺が一身に背負いました。第2次世界大戦
後、花山天文台でも新しい望遠鏡が必要となり、口径60cm反射望遠鏡や
太陽望遠鏡と分光器などが次々と作られました。これらには、まだ研磨体
験もない大サイズや長焦点距離の鏡も含まれていましたが、すべて木辺の
努力により製作されました。テストには、その焦点距離の倍の長さの空間
が必要なので、深夜に錦織寺の本堂の大広間で行われたそうです。

（4/1〜4/3久保田諄）

天体望遠鏡博物館——歴史を彩る名望遠鏡たち

天体望遠鏡博物館開館記念式典（2016年 3 月12日、香川県さぬき市）

　世界でただ一つといわれている天体望遠鏡だけの博物館が日本にあります。場所は香川県さぬき市多和の旧多和小学校ですが、展示されている望遠鏡には京都大学由来のものが多くあり、京都と天文学の結びつきの深さがしのばれます。

　大正から昭和の初めにかけて日本の天文学は黎明期にありました。その中心の一つが京都で、学問としての天文学だけではなく、天体望遠鏡の製作でも京都が日本をリードしていたのです。言い換えれば、京都大学の特徴は天文学を

庶民にも開かれた学問にした点です。多くのアマチュア天文家が関西の地に育ちました。天体望遠鏡博物館には、こうした黎明期に大学で使われたものだけではなく、アマチュア向けも含めて収蔵・復元され、一部のものは実際に観望会で使われています。歴史を飾った望遠鏡で星々を観望するのはまた格別です。

　レンズの精度を測る技術が発達するまでは、天体望遠鏡の鏡の多くは職人技で作られていました。鏡を作った人のなかでも有名なのは、中村要、木辺成麿といった京都大学ゆかりの人物です。彼らが作った反射鏡はそれぞれ中村鏡、木辺鏡と名前付きで呼ばれ、天文マニア垂涎（すいぜん）の名鏡といわれています。天体望遠鏡博物館では、実際にこうした名人によって作られた望遠鏡で天体を見ることができます。

　ちなみに、この博物館で一番大きい望遠鏡は京都大学から譲渡された大宇陀観測所の重さ12ｔの60cm反射望遠鏡です。１年がかりで博物館のボランティアが専門家とともにこの望遠鏡の修復に取り組み、コンピューター制御で見たい星に自動で筒先を向けることができるようになりました。古い望遠鏡が最新技術で蘇る（よみがえ）、何ともロマンのある話です。

（6/18 〜 6/21村山昇作）

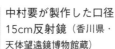
中村要が製作した口径15cm反射鏡（香川県・天体望遠鏡博物館蔵）

ミヤモト・クレーター
アポロ計画にも協力した宮本正太郎

花山天文台第3代台長、宮本正太郎博士は1912（大正元）年12月1日広島県尾道市で大豆輸入商の長男に生まれました。小学生のころから星好きで旧制姫路高校でも天体観測に熱中しましたが、一時は東大の数学科進学を考えていました。そのころ講演のため来校した山本一清博士に出会い、高校生ながら花山天文台で天文観測に参加。その才能を見抜いた山本一清は広島の両親を訪問し「将来は必ず教授にします」と京大宇宙物理学科進学を勧めました。

こうして宮本正太郎は1933（昭和8）年京大宇宙物理学科に入学。観測では山本一清の教えを受け、卒論は荒木俊馬教授の指導の下に「相対性宇宙論」。その後、惑星状星雲や太陽大気のスペクトル線形成の理論研究で活躍、1943（昭和18）年には太陽コロナの温度が100万度であることを世界に先駆けて見いだしました。しかし戦争中だったので日本語で発表せざるを得ず、戦後の1949年にようやく英語で発表し、世界を驚かせました。

同年に京大宇宙物理学科教授

宮本正太郎博士（1912〜92年）。花山天文台第3代台長

78

となった宮本は、1950年代に入ると戦争で荒れ果てた花山天文台を立て直すべく、本館のクック製30cm屈折望遠鏡を用いて火星のスケッチ観測を精力的に始めました。そのかいあって1956年の火星大接近の年、地球とは異なる気流の偏東風を発見します。この発見が火星気象学の始まりの一つでした。偏東風の発生場所は欧米では昼間であるため観測できず、それがラッキーだったと後年述べています。

　偏東風の発見など宮本の火星気象学への貢献をたたえて、2007年、火星のクレーターの一つにミヤモトの名がつけられました。このクレーターは直径150kmほどで、火星の赤道付近にあります。近くでNASAの探査車オポチュニティが走り回っているため、ネットで検索するとミヤモト・クレーターという言葉がいっぱい見つかります。この地名が世界で有名になっているのは日本人としてはうれしい話ですね。

　1958年に第3代花山天文台長となった宮本正太郎は、月の観測にも力を入れました。クレーターの成因に関しても世界で主流の隕石説に対して火山説を提唱するなど世界の月研究に新風を吹き込みました。1963年からはフランスのピク・デュ・ミディ天文台とアポロ計画のための月面地図作りの日米英仏国際共同月面写真観測に参加しNASAに協力しました。宮本が提案した地点にアポロ11号が着陸した、という言い伝えが残っています。

（12/1 ～ 12/5柴田一成）

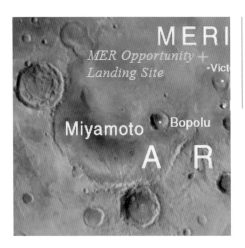

ミヤモト・クレーター。直径150キロ。火星の赤道付近のメリディアニー平原にあるクレーター。右上の「＋」は探査車オポチュニティの着陸地点 ©USGS（United States Geological Survey）

宮本正太郎博士による火星のスケッチ。花山天文台のクック製30cm屈折望遠鏡を用いて作成された。右図では東からの白い砂嵐（点線で示された箇所）により、左図中央にあった黒い地形が隠されている。このようにして地球の中緯度地域とは異なる偏東風（東からの風）が発見された

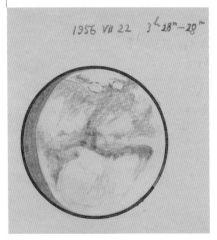

1956年7月22日

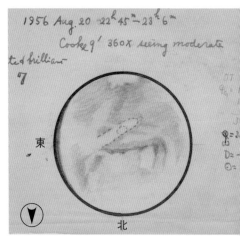

1956年8月20日

湯川秀樹と宇宙線

湯川秀樹は、地理学者小川琢治・小雪の三男として1907（明治40）年1月23日に生まれました。京大物理学科の学生時に量子力学の誕生を知り、独学でこれをマスターしました。新設の大阪大学の講師となり、湯川スミと結婚、湯川姓となりました。間もなく中間子論を1935（昭和10）年に発表。2年後には海外の実験によって世界にその名が知られ、敗戦直後の1949（昭和24）年、湯川は日本人として初めてノーベル賞受賞者となりました。1981年に逝去しました。

湯川は、ノーベル賞を記念して創設された基礎物理学研究所の所長として、量子物理学の成果を宇宙・地球や生物の学問に広げる研究を奨励しました。地球に降り注ぐ高エネルギーの素粒子である宇宙線は、中間子の発見など、初期には新素粒子の発見に役立ちましたが、戦後は、素粒子の実験は加速器に変わり、宇宙線の発生場所が新しい課題となったので、天文学者と原子核の研究者の共同研究を推進したのです。

国際理論物理学会議で登壇した湯川秀樹
（1953年、京都新聞社）

（1/23 〜 1/24佐藤文隆）

天文学者　荒木俊馬

荒木俊馬は1897（明治30）年に生まれ、広島高等師範学校を出たあと旧制中学教師を経て京都大学に入り天文学を専攻しました。新城新蔵の激励のもと、白色矮星などの天文学の新しい課題に取り組みました。1922（大正11）年11～ 12月、アインシュタインが改造社の招聘<ruby>しょうへい</ruby>で日本にやってきた時、京都大学の学生であった荒木俊馬は東京大学でのアインシュタインの５回の特別講義を受講しました。アインシュタインが、日本

荒木俊馬京都大学名誉教授（京都産業大学初代総長）1897 ～ 1978年

の各地を講演旅行したのち、再び京都大学を訪れた時に、荒木は全校歓迎集会で学生を代表してドイツ語で挨拶<ruby>あいさつ</ruby>をしました。アインシュタインはその様子を彼の日記に「非の打ち所のない」ものと記しています。

その後、荒木は２年半のドイツ留学を経て教授に就任。第２次大戦中に言論活動を行い、これを理由に終戦時に京大教授を辞任しました。そして現在の福知山市夜久野町に10年ほど隠棲<ruby>いんせい</ruby>しました。

荒木の講座は、当時、理論物理学講座を担当していた湯川秀樹が兼担することとなりました。空室となった元教授室には、荒木がその学識を活かして蒐集した物理学や宇宙物理学の書籍がそのまま残されていました。この部屋を学徒動員から帰還した研究生たちが使用しました。湯川研究室に入った林忠四郎もこの部屋に入り、これらの書籍を貪るように学習して、自学自習で論文を発表したとのことです。

終戦後さらに10年経ち、占領軍が撤退して日本が独立した頃から、隠棲していた荒木を必要とする時代がやってきました。荒木は保守系の論客として各地に講演や選挙応援に招かれるようになり、1954年には大谷大学教授として京都に戻りました。そして、各界の知己友人によって荒木を押し立てた大学創設の運動がおこり、1965年に京都産業大学の開学に尽力して初代総長を務め、1978年に逝去しました。開学の式典では湯川秀樹が祝辞を述べました。

　荒木俊馬は、夜久野町に隠棲しているとき、子ども向けの解説書「大宇宙の旅」を著しました。中学1年の星野少年が地球から宇宙の果てまで、さまざまな天体を旅していくというストーリーです。漫画家の松本零士氏は、小学6年のときこの本を読んで大きな感銘を受け、その経験がのちの「銀河鉄道999」の構想につながったと述べています。主人公、星野鉄郎の名字は、期せずして星野少年と同じでした。

（3/20 ～ 3/23佐藤文隆、3/24柴田一成）

荒木俊馬著「大宇宙の旅」(恒星社厚生閣、1950年)。漫画家松本零士氏の代表作「銀河鉄道999」に大きな影響を与えた

南極越冬隊長──西堀榮三郎と天文学

1903（明治36）年1月28日、京都市の町中の商家に生まれた西堀榮三郎は、わが国の第1次南極観測隊の副隊長ならびに越冬隊長として有名です。西堀は中学生のころ、山本一清に会ったのがきっかけで天文学に興味を持つようになりました。そのころ自宅に中村要が書生として住み込んでいたこともあって、2人でガラスの研磨に挑戦し、ついに手製の望遠鏡を作ることに成功。アマチュア天文家として山本一清の弟子になりました。

　西堀が山本一清に弟子入りして間もなく、滋賀県大津に藤井善助という資産家が私立の天文台を建設しました。西堀は山本から頼まれ、藤井天文台で望遠鏡の設置などを手伝いました。ある夜、藤井が天文台で西堀に遭遇。藤井は西堀家とは昔から縁があったので、西堀の父に、「お前の息子は天文学を勉強しているようだが、金にならない。やめさせてしまえ」と忠告。その結果、西堀は天文台の出入りを禁止されてしまいました。

　藤井天文台の出入りを禁止された西堀榮三郎でしたが、天文熱は衰えず、とうとう自宅の屋根に手製の望遠鏡をとりつけて小さな天文台まで作ってしまいました。後年、西堀が化学者から技術者の道を歩むようになったのは、このころの体験──中村要と共に試みた鏡の研磨や望遠鏡の自作の体験──が一因になっているようです。西堀は終生、山本博士を敬愛し、アマチュア天文家として南極でも天体写真を撮影しました。

　西堀榮三郎は旧制三高時代、1922年日本を訪問したアインシュタインの京都、奈良観光の案内役をつとめました。西堀は、「私にとっては心の革命を起こさせられた有意義な出会いであった。それは、アインシュタインといえども決して特別な人間ではなく、彼が修めた学問でも、やれば私に

でもできるかもしれないという信念を持てたことであった」と自伝に書き記しています。これはその後の西堀の多方面での活躍の原点といえるでしょう。

（1/28 〜 1/31柴田一成）

西堀榮三郎とアインシュタイン。アインシュタインが来日したとき西堀は旧制三高の学生。京都と奈良を英語通訳として案内した。背後の建物は奈良・東大寺大仏殿中門とみられる（西堀榮三郎記念探検の殿堂提供）

京都賞とハヤシフェーズ

20 19年11月10日、京都賞を「大規模広域観測に基づく宇宙史解明への多大な貢献」によりアメリカのジェームス・ガン博士が受賞しました。観測できる遠方の宇宙は過去の姿であり、奥行きのある広い空間をくまなく調べた宇宙の地図はビッグバン宇宙の歴史の解明なのです。日本人も含む博士らのチームはデジタル技術などを駆使した新機軸の天文観測システムを開発して、百万個もの銀河を自動的に観測することに成功しました。

京都賞は4年ごとに地球科学・宇宙科学分野の受賞者を選んでいます。これまでの受賞者は1987年のオールト（銀河系）に続き、ローレンツ（気象カオス）、林忠四郎（星、太陽系起源）、ムンク（海洋波動）、パーカー（太陽風）、金森博雄（巨大地震）、スヌヤーエフ（宇宙背景放射揺らぎ）、マイヨール（系外惑星）、ガン（宇宙地図）です。林は京都大学で研究し、金森は米カリフォルニアで活躍しました。

林忠四郎は1920（大正9）年に京都市紫野に生まれ、東大在学中に学徒動員で海軍に、戦後は京大の湯川研究室に入り、1957年からは新しい研究室の教授としてたくさんの研究者を育成しました。1950年代から、恒星の内部構造の進化や宇宙に存在する元素の起源という天文学の課題を原子核・素粒子物理学の知識を使って解明する天体核の研究で世界をリードしました。ガモフのビッグバン宇宙論を発展させた論文でも有名です。

星間物質から星が形成される際には、重力で星間物質が収縮するにつれて、徐々に光度を増すと考えられ、ケルビン・ヘルムホルツ収縮という用語で定着していました。しかし林は、1961年この定説を根本的に覆す理論を提出しました。短時間にいったん光度が増し、徐々に減光する過程があ

るとするもので、ハヤシフェーズと呼ばれています。この考察は星の形成時だけでなく星の構造論の基礎になっています。

（11/10 ～ 11/14佐藤文隆）

林忠四郎京大名誉教授（1920 ～ 2010年）。星の誕生時の進化を解明。その進化の過程はハヤシフェーズと呼ばれている。1986年文化勲章、1995年京都賞を受賞

京大の天文学史研究と
高松塚・キトラ古墳天井天文図

花山天文台をつくった新城新蔵（65頁）は、歴史面の研究の重要性もよく理解しており、中国天文学史の研究も熱心に行って、『東洋天文学史研究』を著しました。その中国語訳を命じられた中国人留学生は当初、「現代天文学を学びに来たのに…」という不満を抱きました。しかし、その不満はやがて「自分の祖国にかつてこんなに高度な文明があった！」という感動に変わります。中国人が先進国に圧迫されて自信と誇りを失っていた時代だったからです。退官後、強く求められて上海自然科学研究所長に

薮内清（1906～2000年）。京大人文科学研究所元所長。中国天文暦法の研究により天文学史を中国史研究の一分野として確立した

なった新城は、日中戦争による破壊から中国の貴重な文化財を守ろうと駆け回る中、1938（昭和13）年南京で病死しました。

　この新城が始めた中国天文学史研究は、日中の研究者にとっての原点です。新城がつくった宇宙物理学教室でもそれが伝統になり、山本一清や荒木俊馬も現代天文学だけでなく天文学史も研究しました。続く能田忠亮と後輩の薮内清は東方文化学院京都研究所（のち、東方文化研究所となる）の研究員となり、能田は中国の古い天文記事の年代推定や宇宙観の研究を行い、薮内は中国における暦法の重要性を指摘。１学年先輩の渡辺敏夫は東京商船大学・京都産業大学で日本天文学史研究に偉大な業績を残しました。

　戦後（1949年）、東方文化研究所は京大人文科学研究所東方部に改編され

ました。能田は研究所を去りましたが藪内は残り、最後は所長も務めて1969年に退官。中国天文学史を独立した学問として確立、研究分野は科学技術史一般、日本・中国やインド、ギリシャから近代西洋まで広がり、科学史研究でのノーベル賞とされるサートン・メダルを授与されました。2000年、94歳で没。そのち密な研究は『藪内清著作集』として刊行されています。

　藪内清はまた多くの後進の研究者を育て、筆者（宮島一彦）も1968年に弟子入りしました。1972年、奈良県明日香村の高松塚古墳（700年ごろ）の石室内に極彩色の人物像壁画が発見され、大変話題になりました。天井には中国式星座が描かれ、星は金箔で表されていて、日本で最初の発見でした。藪内が星座図（天文図）を調査することになり、筆者も自宅に呼ばれて写真から星の位置の下描きを作り、藪内は石室内でそれと比較して報告図を作りました。

　1998年には、奈良県明日香村のキトラ古墳の石室内に極彩色の壁画と天井天文図が発見されました。日本での天井天文図発見の２例目です。藪内の弟子で宇宙物理学教室出身の筆者が調査にあたったのも何かの縁でしょうか。高松塚古墳では117個ほどの金箔の星が朱線で結ばれて、代表的な約30の星座が示されているだけでしたが、キトラ古墳では四つの円が朱線で描かれ、約350個の星（約75の中国式星座）を示す金箔または痕跡が残っています。中国から朝鮮半島を経て伝わった図をもとにして描かれたのでしょう。

　高松塚古墳の壁画と天文図は国宝に、キトラ古墳のそれらは国の重要文化財に指定されました。

（1/9 ～ 1/13宮島一彦）

私と宇宙、そして花山天文台

◆

土井隆雄

　1970年2月11日、日本は鹿児島県内之浦から初めて人工衛星を打ち上げました。「おおすみ」の誕生です。東京大学宇宙航空研究所は、糸川英夫博士がつくったペンシルロケットを発展させ、4段式ラムダロケットを開発したのです。日本が、アメリカ、ソ連に続いて宇宙開発に名乗りを上げた瞬間です。中学3年生だった私は、おおすみの回っている宇宙を見上げるたびに、とても誇らしい気持ちになりました。

　1971年夏には火星が地球に大接近しました。高校2年生だった私は天文クラブの20cm反射望遠鏡を借りて夏休み中、火星のスケッチを行いました。私のお手本は、当時、花山天文台で活躍されていた宮本正太郎先生のスケッチです。オレンジ色の表面に薄黒い海と白く輝く極冠が鮮やかに見えます。宮本先生のスケッチにある細かな模様を見つけようと、火星が西の空に沈むまで眺めていたことをよく覚えています。

　2017年2月27日、私は京都大学の学生たちと花山天文台に新しく設置した屈折望遠鏡で系外惑星の観測準備をしていました。目標天体はおとめ座の12等星の周りを周期約3日で公転している木星型惑星です。惑星が恒星の前を通り過ぎる時に恒星からの光を遮ります。その減光度を観測するのです。モニター越しに見る減光の始まり。地球から約670光年離れている惑星を初めて観測した時の感動を忘れることができません。

　2018年9月10日、12名の学生と宇宙ユニット教員が花山天文台に集合しました。有人宇宙学実習の始まりです。有人宇宙学実習は短期有人宇宙ミッション

を模擬した実習です。学生たちは5泊6日寝食を共にしながら、天体観測や微小重力実験を行います。宇宙について、そしてチームの中での自分の役割を学びます。有人宇宙学実習は人類が宇宙に展開する意味と意義を皆で考える機会を提供するのです。

　花山天文台に上ると国際宇宙ステーションが1等星より明るく輝いて、西から東へ夜空を横切って行くのが見られます。日本の有人宇宙活動は1985年、毛利衛、向井千秋、土井隆雄が初めて日本人宇宙飛行士に選抜されて始まりました。2008年には、日本実験棟「きぼう」が宇宙ステーションに取り付けられ、日本人が宇宙で活躍する時代がやってきました。日本はさらに、月・火星探査へ進もうとしています。

（2/11 〜 2/15）

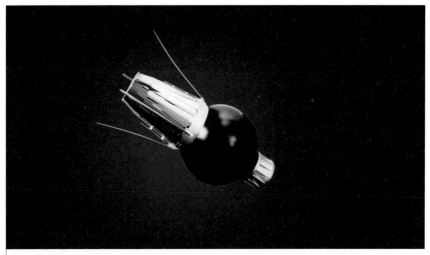

日本で最初（1970年2月11日）に打ち上げられた人工衛星「おおすみ」。長さ100cm、太さ48cm、23.8kgの大変小さい人工衛星だった©JAXA

京大岡山天文台とせいめい望遠鏡

「地球は動いている」、ガリレオが天体望遠鏡で見た金星や木星の姿は、地球の周りを太陽や星々が回るのではなく、太陽のまわりを地球が回るとする地動説の決定的な証拠になりました。17世紀に作れるようになった高精度のレンズを使った最新機器が宇宙観を変えたのです。

しかし、大きいレンズは作るのが困難で、しかもたいへん重くなります。そこで、凹面鏡を用いた反射望遠鏡が考案されました。鏡を用いると大きな口径の望遠鏡ができるのです。

反射望遠鏡の精度向上にはもう一段の工夫が必要でした。望遠鏡の性能として重要なことの一つは、かすかにしか見えない天体から、どれだけ多くの可視光線や赤外線を精度よく集めることができるかです。1枚の鏡で世界最大のものは、日本がハワイのマウナケア観測所に持つすばる望遠鏡などの直径8.2mであり、巨大化は限界に達しています。せいめい望遠鏡では、将来を見据えて分割鏡の方式を選択し、18枚の扇形の鏡を並べた、直径3.8mの反射鏡を開発しました。

望遠鏡の愛称を募集し、千通を超す応募の中から「せいめい望遠鏡」と決定しました。平安時代の卓越した陰陽師・天文博士の安倍晴明は、岡山天文台の近くにある阿部山でも観測をしたと伝えられています。京都と岡山の両方にゆかりのある天文研究の大先達にちなんだ名前となりました。また、この望遠鏡では、太陽系外の惑星を直接撮像しようと計画しており、生命の研究にもつながる壮大な名前です。

元々、岡山県の浅口市と矢掛町にまたがる山に1960年、岡山天体物理観測所が設立され、以来、東洋一の望遠鏡として口径1.88mの望遠鏡が活躍してきました。その後継機として、瀬戸内海式気候で晴天率が高く、大気

調整中の分割鏡。18枚の扇形の鏡を並べて
1枚の鏡としている（2018年8月17日撮影）

京大岡山せいめい望遠鏡。東アジア最
大の口径3.8m。わが国初の分割鏡で
3〜4m級では世界で最も軽い超軽
量架台（2019年2月19日撮影）

が安定しているこの地に、京大岡山天文台・せいめい望遠鏡が2019年に建
設されたのです。さらに、光害を減らすよう周辺自治体にも呼びかけてお
り、その影響が少ない観測法も確立し、すばらしい観測条件で研究をして
います。

　場所は倉敷市の西、山陽本線の鴨方駅からタクシーで北へ20分、岡山天
文博物館や京大岡山天文台に到着します。運が良いと、運転手さんから
は、天文博物館の名物タケスミを使ったブラックホール宇宙カレーや、せ
いめい望遠鏡の見学の話が聞けるかも知れません。地元の方々の温かい支
援のもと観測を開始し、京大の学生から世界の天文学者まで、さまざまな
研究者がやって来て試行錯誤を重ねながら研究を進めています。

　ちなみに、京大岡山天文台せいめい望遠鏡の建設費の4割は民間からの
寄付でした。その支援をされたのはブロードバンドタワー社長藤原洋さん
（次頁「インターネットと宇宙」）です。藤原さんは京大理学部宇宙物理学科卒
業後、コンピューター業界に身を投じ、標準動画規格MPEGの開発などで
活躍しました。現在インターネット協会会長として指導的役割を果たして
います。
　　　　　　　　　　　　　　　（10/20〜10/24長田哲也、2/24西村昌能）

インターネットと宇宙

◆

藤原洋

　遠隔地に設置された望遠鏡をインターネットで接続し天体を観測するシステムを「インターネット望遠鏡」といいます。慶応大学と五藤光学研究所と共同で、2003年1月からインターネット望遠鏡の開発を進め、同年11月より運用を開始しました。現在、日本、アメリカ、イタリアの3カ所に設置され、インターネットに接続すれば、無料で「いつでも、どこでも、だれでも天体観測」ができます。

　また、VLBI（超長基線電波干渉計）は、地球規模の電波望遠鏡です。遠隔地にある複数の電波望遠鏡で同一天体を観測し、原子時計で正確な観測時刻と共に大量のデータを記憶し解析すれば、望遠鏡間の距離が直径の巨大望遠鏡になるのです。ただし以前は、観測結果が出るのに時間がかかっていました。しかしインターネットで接続した地球規模のリアルタイムVLBIが、ブラックホールの直接撮像を可能にしました。

　宇宙は、数え切れない銀河であふれています。楕円、渦巻き、棒渦巻き、レンズ型、なぜこんなに多様な形の銀河があるのでしょうか。国立天文台の「ギャラクシークルーズ」は、すばる望遠鏡に搭載された画素数が極めて大きな超広視野主焦点カメラを使って撮影した広大な宇宙画像の中から「衝突銀河」に注目し、インターネットを通じて天文学者と市民が、その形と数を調べる共同研究です。

　月・惑星探査は、多額の税金で行われるため、市民への説明責任が求められます。その強力なツールがインターネットです。「月探査情報ステーション」

は、月・惑星探査に関する知識の普及や広報を目指し1998年から続くサイトですが、探査の目的と意義の告知、探査映像の公開などに大きな役割を果たしています。アポロ月着陸を事実ではないとするアポロ疑惑の解消などにも貢献しています。

　宇宙インターネットは、人工衛星などを用いて宇宙空間でインターネット網を構築する構想です。アメリカの起業家イーロン・マスク氏率いるスペースX社は、2019年5月24日宇宙インターネット計画「スターリンク」のための最初の60機の衛星を打ち上げました。今後も打ち上げを続け、最終的に約1万2千機の衛星で全地球を覆い、全世界に高速インターネットを提供することを計画しています。

（2/25-29）

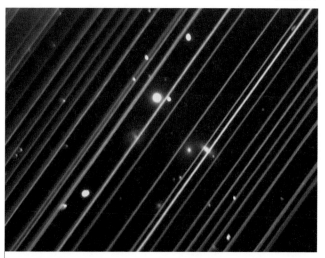

既に打ち上がっているスターリンク衛星の軌道。無数のスターリンク衛星が打ち上がると天体観測ができなくなるので世界の天文学研究者から批判の声が上がっている©国際天文学連合

3 人類を詠む

　天地人とは三才のことです。三才とは三つの才、つまり三つの働きを意味します。天地人を基本とする思想は東洋の思想です。宇宙のあらゆるものを総合的にとらえて人の生き方を考えます。西洋文明は自然と人間を切り離しますが、東洋では人も自然の一部です。日本人も西洋文明の目で宇宙を見ていますが、たまには東洋の目で宇宙を見つめ、人類の行方を考えることも大切です。〈人類の弱り始めや猫柳　和田悟朗〉

（4/28尾池和夫）

第4章

宇宙

銀河系に住む私たち

水 金地火木土天海という八つの惑星は太陽の周りを回っています。惑星は円盤に沿って、しかも同じ方向に公転しています。太陽は夜空に見える恒星およそ2千億個とともに、銀河系という集団を形成しています。大きな視点から見ると、太陽はベガやアルタイルなど近くの恒星と一緒に、巨大な円盤に沿って2億年ほどで回転しています。恒星の分布する円盤が天の川として夜空に見えるのです。

　銀河系の中心は、夏の星座いて座の方向、2万6千光年のかなたにあります。恒星や星間ガスは中心ほど密度が高く、銀河系の円盤の中に住んでいる私たちには、いて座の付近で天の川がひときわ濃く見えます。逆に冬の星座の方向は銀河系の周縁部となり、天の川も薄くしか見えません。目を秋の星座に転ずると、230万光年離れたところには、銀河系と同じく円盤銀河である、お隣さんのアンドロメダ銀河があります。

　いて座の方向に銀河系の中心があるとはいっても、普通の光で探るかぎり、どんな望遠鏡を使っても中心部は見えません。銀河系の円盤にある星間の固体微粒子に邪魔されてしまうからです。しかし、可視光線とは違って赤外線なら見通すことができ、恒星が大集団となって密集している様子が明らかになってきました。また、赤外線やエックス線などの観測から、太陽より400万倍も重いブラックホールがあることも知られています。

（7/11 ～ 7/13長田哲也）

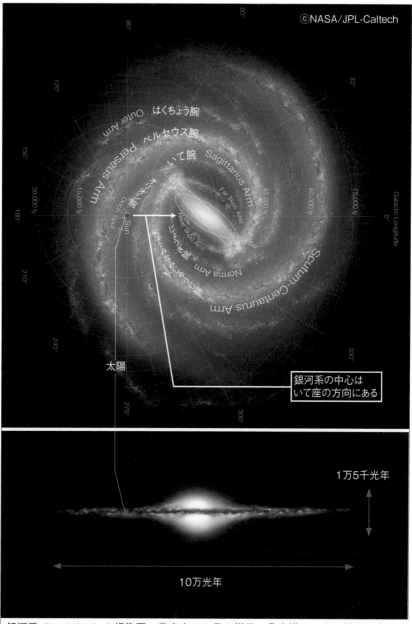

銀河系（天の川銀河）の想像図　⬆真上から見た様子。⬇真横から見た様子。太陽は銀河系の中心から2万6千光年ほどの距離にある。太陽系はオリオン腕にあり、内側にいて腕。外側にペルセウス腕がある

星の進化

星雲とは、宇宙空間をただようガスの塊のことをいいます。宇宙には
実にさまざまな種類の星雲があります。なかでも惑星状星雲は宇宙
の宝石とよばれることがあるほど美しい星雲です。こと座リング星雲やみ
ずがめ座らせん星雲はその代表例です（画像は188頁と199頁）。なぜ「惑星
状」すなわち「惑星のような」というのでしょうか。それは昔の人が、そ
の形から惑星を連想したからです。しかし惑星と何の関係もないことが今
ではわかっています。

　惑星状星雲はどのようにしてできたのでしょうか？　実はこれは太陽の
50億年後の姿といわれています。太陽は今、水素を核融合するとき出るエ
ネルギーで光っています。やがて中心部の水素がなくなると核反応が止ま
り中心部は潰れ、周りの外層は膨張して赤色巨星になります。その後中心
部でヘリウムが核融合を始め、ヘリウムも消費されると中心部はさらに潰
れ、ふき出した外層が中心星に照らされて惑星状星雲になるのです。

　すべての恒星は時間がたつにつれて構造を変えます。なぜ構造を変える
のでしょうか？　それは燃料が有限だからです。最初は水素燃料、水素が
無くなればヘリウム燃料…と順番に重い元素が核融合反応をすることによ
りエネルギーが生み出されていきます（図参照）。そしてそのたびに星は姿
を変えるのです。これを「星の進化」といいます。生物の進化とは違って
「星の進化」とは星の一生における構造や組成の変化のことなのです。

　では、太陽よりずっと重い星の進化はどうなるのでしょうか？　太陽と
の違いは二つあります。一つは進化が速いこと。太陽の寿命は約100億年
ですが、太陽より10倍重い星の寿命は数千万年です。もう一つの違いは、
最期に星全体を吹き飛ばすような大爆発、超新星爆発をすることです。そ

の爆発において、あるいは爆発する前の星の中で鉄などの重い元素が合成されます。私たちの体にある物質は大爆発のおかげということができます。

　恒星はどこで生まれたのでしょうか。それは分子雲とよばれる、マイナス260度以下の冷たい分子ガスのかたまりの中です。この分子雲の中で、周りより少し密度が高いところが自らの重力で引き合って潰れて星となりました。星が生まれると同時に、その周りにガスと塵からなる円盤ができました。惑星系はこの円盤の中でできたといわれています。このような星と円盤は、電波望遠鏡や赤外線望遠鏡などで観測されています。

（7/15 ～ 7/20嶺重慎）

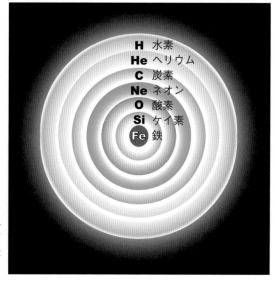

星の中心では核融合反応によって次々と重い元素が生み出され、超新星爆発寸前の星の内部はこのような構造になります©R.J.Hall

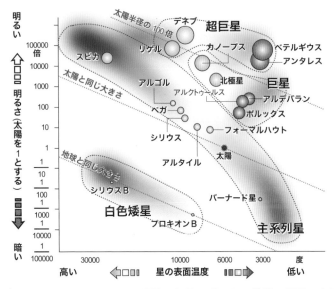

恒星の分類を示すHR図。縦軸は恒星の明るさ、横軸は恒星の表面温度（色）。上にいくほど明るくなり、左にいくほど温度が高い。背景の色は星の色で、ほとんどの星は左上から右下にかけて帯状に並ぶ。これらの星は主系列星と呼ばれている。太陽は主系列星のひとつ。右上は太陽半径の100倍近くある超巨星。左下には太陽半径の100分の1（地球と同じ大きさ）の白色矮星がある

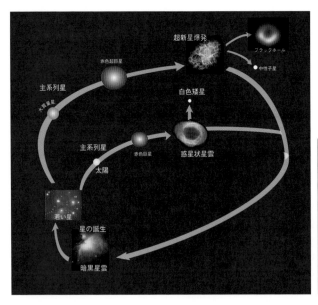

太陽は46億年前に暗黒星雲で生まれたと考えられている。50億年後に赤色巨星となったのち、惑星状星雲を経て白色矮星となる。一方太陽より8倍以上重い星は、超新星爆発を起こし、中性子星またはブラックホールを残す

ハッブルと宇宙膨張の発見

ハッブルは1889年11月20日、アメリカミズーリ州で生まれました。彼の銀河の研究史は世界の銀河研究の歴史でもあるといえます。スポーツが得意でしたが、大学では数学・天文学を勉強しました。その後英国オックスフォード大学で法律を学び、帰国後は弁護士として働きました。一方で、天文学の研究も行いながら、第1次世界大戦時に入隊して負傷したり、第2次世界大戦時には弾道研究を行うなど異色の経歴の持ち主です。

　彼は、遠くの銀河はその距離に比例した速さでわれわれから遠ざかっているという観測結果を1929年に報告しました。1915～16年にアインシュタインが提唱した一般相対性理論の理論的帰結として膨張する宇宙という概念は既に知られていましたので、宇宙膨張の初の観測的証拠となりました。ただし、われわれが宇宙の中心にいるわけではありません。どの銀河から見ても遠くの銀河ほど速く遠ざかるように見えます。

　2018年、国際天文学連合はハッブルの法則と呼ばれていた宇宙膨張の法則を「ハッブル・ルメートルの法則」に変更しました。ベルギーのルメートルは一般相対性理論に基づく宇宙膨張の研究をしていましたが、ハッブルの2年前、宇宙膨張の観測的証拠を示していたのです。しかし、マイナーな雑誌にフランス語で掲載されたため、知る人が非常に少なく埋もれていました。これを再評価し、ルメートルの名前も冠することになりました。

　そして20世紀末、超新星の観測から、宇宙は現在、膨張の速さが大きくなる加速膨張をしていることが明らかになってきました。加速の原因ははっきりしませんが、未知のエネルギーが加速膨張を起こしていると考え、

これをダークエネルギーと呼んでいます。ダークエネルギーとダークマター（これも正体不明）を合わせると、宇宙のエネルギー密度の約95％にも達し、われわれはある意味宇宙の約５％しか理解していないといえるでしょう。

（11/19 〜 11/22太田耕司）

重力波初検出と
ブラックホール連星の発見

2015年9月14日、ついに人類は重力波の直接検出に成功しました。レーザー干渉計型と呼ばれる2台の装置で独立に検出、2017年に重力波望遠鏡「LIGO（ライゴ）」のチームを率いる米国の3人はノーベル賞を受賞しました。1960年代にも直接検出の報告がありましたが、多くの研究者は何かの間違いと考えています。1979年には連星パルサーの重力波放出に伴う軌道周期の変化から、間接的に検出はされていましたが、空間のひずみを直接検出できたのはこれが初めてです。

　この人類初の重力波源の正体は意外なものでした。重力波の波形解析から、太陽の約30倍もの質量（重さ）をもつ二つのブラックホールからなる連星の合体であることがわかりました。ほとんどの研究者は、こんな天体が宇宙に存在するとは予想もしていませんでしたので、びっくり仰天しました。しかしその後、連星ブラックホールの合体はいくつも検出されていて、最近では月に何度もという頻度で見つかっています。

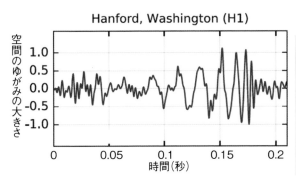

Hanford, Washington (H1)

空間のゆがみの大きさ

人類初の重力波検出。米国の重力波望遠鏡「LIGO（ライゴ）」のハンフォードでの観測（2015年9月14日、アボットらLIGOおよびVirgo共同観測チーム）。縦軸は空間のゆがみの大きさ（相対値、重力波の強度に対応）、横軸は時間（1目盛りは0.05秒）

2017年8月17日にも重力波が検出されました。今度は二つの中性子星からなる連星の合体によるもので、多くの研究者がその存在を予想していたものでした。今回は、光の望遠鏡による、重力波源の可視光対応天体の同定に初めて成功しました。可視光での観測結果は理論モデルの予測と合い、この合体によって金やプラチナといった貴金属の生成があったと考えられています。こう考えると、重力波天体も身近に感じられます。

（9/14 〜 9/16太田耕司）

ブラックホールの予言と初撮影

光さえ中から出て来られない不可思議な天体ブラックホール。そんな変なことを最初に考えたのは誰でしょうか？　アインシュタインではありません。ずっと前、18世紀末にイギリスのマイケルとフランスのラプラスが考えつきました。でもきっと本当に存在するとは思っていなかったでしょう。予言から200年以上経た今世紀、重力波の検出と電波による直接撮像によりブラックホールの存在が確認され、2019年4月10日ブラックホール初撮影とのニュースが全世界で同時発信されました。地球上各地に置かれた電波望遠鏡のデータを集めて得られたブラックホールの素顔、それは漆黒の宇宙に浮かぶ光の環（リング）でした。ブラックホールは光を出さず、また周りの光も吸い込んでしまうので、ブラックホールの方向からの光が中抜けしてリング状に見えたのでした。なお、この観測に京大出身の天文学者も参加しています。（10/25 ～ 10/26嶺重慎）

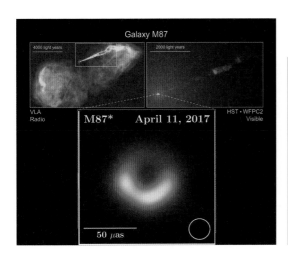

おとめ座巨大楕円銀河M87中心部のブラックホールとそこから噴き出すジェット。㊤高エネルギー電子が出す連続光（波長20cm）をとらえた電波像（米国立電波天文台）と㊨㊤可視光線をとらえた画像©NASA　㊦史上初めて撮影されたM87の中心核に位置する超巨大ブラックホールの電波像（波長1.3mm、EHT Collaboration）181頁

星雲あれこれ
——オリオン大星雲からウルトラの星まで

オ リオン大星雲は、オリオン座の三つ星の南にあり、星座ではオリオンの剣を形作る小三つ星のまん中あたりの星雲です。地球からの距離は約1300光年、トラペジウムという若い4重星からの紫外線を受けて輝いています。北東部分などには、赤外線でしか見えない、生まれたばかりの星も数多くあることがわかってきました。

　また、オリオン座の三つ星の東端の星のすぐそばには、水素が紫外線で電離して輝く星雲を背景に、馬の頭のような形が黒く浮かび上がります。この馬頭星雲は、暗黒星雲の一種で背景の光を吸収して黒く見えるのです。私たちから1400光年の距離にあります。カラー写真では、水素の輝線が深い赤色として映ります。暗黒星雲は、光も出さなければ光を吸収もしない謎の物質といわれている暗黒物質（ダークマター）と

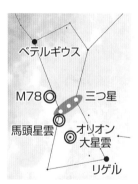

|オリオン座と周辺の星雲

オリオン大星雲。暗黒星雲（点線内など）を伴い多くの恒星が誕生し、これらの恒星の光を受けてガスが輝いている（仲谷善一撮影）

馬頭星雲。オリオン座にある暗黒星雲。赤色の背景は2万度のガスの集まり（仲谷善一撮影）

は違い、これは背景の光を吸収したり散乱したりすることで黒く見える星雲です。固体の微粒子がただよっている、いわば黒い煙なのです。星から遠いと温まりにくく、典型的な温度はマイナス250度以下、しかし赤外線は放射していて、赤外線観測などで性質が研究されています。

　ちなみに、ウルトラマンに代表される1966年から続くテレビ番組「ウルトラシリーズ」で彼らの故郷とされるのは、地球から遠く離れた「光の国」M78星雲です。一方、現実のM78星雲はオリオン座の三つ星の東端の星から少し離れたところに見える反射星雲です。空間にただよう固体微粒子が、近くにある青い星の光を反射して見えているのです。小さな望遠鏡でもぼやっとしたかたまりとして観測できます。

　第1話でウルトラマンは、自らをM78星雲から来たと紹介しています。しかし、「M87星雲」が脚本印刷時に誤記されたのだという説があります。テレビシリーズにM87光線という必殺技が出てくるのも、それと関係があるのかもしれません。そのM87は、春の星座おとめ座の方向に見える銀河団の中心的存在の楕円銀河です。2019年春には、中心の超巨大ブラックホールの観測画像が公開されて話題となりました。

（2/16 〜 2/20長田哲也）

ウルトラマンの故郷・オリオン座のM78星雲。M87星雲（おとめ座）が誤記されたとの説も©マサチューセッツ大学とカリフォルニア工科大学

メシエ天体

　M78、M87など数字の前にMが付く天体はメシエ天体と呼ばれています。メシエはフランスの天文学者です。彼は彗星探しの専門家でしたが、あるとき過去の観測から出現が予報されていたハレー彗星を誰が一番早く発見するかを競いました。そのときに彗星と紛らわしい天体に印を付け表にしました。メシエ自身はハレー彗星の第1発見者の栄誉を逃しましたが、紛らわしい天体に目印を付けたメシエ番号の方が有名になりました。

ニュートリノ・ダークマター・反物質

星の中心部での核反応ではニュートリノという質量の非常に小さな素粒子が生まれますが、そのニュートリノはそのまま星の外に出ます。一緒に発生した他の素粒子は周りの物質に吸収されて熱に変わり、星の表面から光となって外に出て行きます。太陽の中心部から直接出てくるニュートリノは日本のスーパーカミオカンデなどで検出されました。また1987年の大マゼラン雲での超新星爆発によるニュートリノは小柴昌俊博士たちにより発見され、2002年のノーベル賞となりました。

巨大な天体の質量を推定する方法に重力法と光度法があります。太陽の質量はその重力のもとでの惑星の運動から重力法で推定されます。一方、恒星の質量と光度の関係を使って、遠方の天体の光度から質量を逆に推定するのが光度法です。渦巻銀河では二つの方法で独立に推定できますが、重力法の方が大きな値となります。この差は光も出さなければ光を吸収もしないダークマターによるとされており、それは未知の素粒子かもしれません。

素粒子は物質と反物質が対になっています。例えば、電子と全く同じ質量で電荷が反対の陽電子があります。今は反原子を作ることもでき、原子と同じように振る舞うことが分かっていますが、現実の宇宙では反物質でできた物体は存在しません。物質と反物質は衝突で消滅します。ビッグバン初期にはほぼ同数でしたが1億分の1ほどの差があったので、消えずに残ったのが現在の宇宙だと考えられています。

（1/25 ～ 1/27佐藤文隆）

ハビタブルプラネット

ペ　ガスス座51番星、この何の変哲もない星が1995年、世界の天文学者をあっと驚かせました。スイスの天文学者マイヨール博士らがこの星の周りに惑星を見つけたのです。それは星のすぐ近く、太陽系の水星軌道より星に近いところを回る木星型惑星でホットジュピターと呼ばれています。この発見を機に太陽系外惑星が続々と見つかるようになりました。この功績で2015年に京都賞を受賞。2019年ノーベル賞を受賞しました。

　「地球以外に生き物がいる星はないか？」これは人類が永年にわたって追い求めてきた問いです。この問いに科学的に答えようとするとき、出てきた概念が「ハビタブルプラネット」（生命が存在可能な惑星）です。でも生き物がいる条件は複雑なので、とりあえず「表面に液体の水が存在する」惑星を意味します。現在の太陽系でハビタブルなのは地球だけですが、もしかして過去の火星はハビタブルだったかもしれません。

（10/18 〜 10/19嶺重慎）

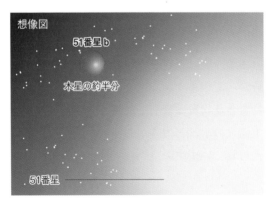

想像図
51番星 b
木星の約半分
51番星

はじめて発見された太陽系外惑星ペガスス座51番星b。恒星のすぐ近くを公転している

1995年世界で初めて太陽系外惑星発見した功績で2019年にノーベル賞を受賞したマイヨール博士（右）。写真は2015年の京都賞授賞式晩餐会で撮影

生命誕生の謎を探る

形成直後の地球には隕石や小天体が多数衝突していました。1969年、オーストラリアに落下した隕石からは、地球の生き物にも普遍的なグリシンなどのアミノ酸5種が検出されました。そこで、隕石や小天体が初期の地球に運び込んだアミノ酸などの有機物が生命誕生の材料になったとする説が提唱されています。はやぶさ2がリュウグウから持ち帰る小惑星のかけらの研究がこの説をさらに裏付けるのでは、と期待されています。

　現存している原始的な微生物の多くは好熱性で、最古の化石も海底温泉の湧き出し口で見つかります。そこで最古の生物は好熱性だったとされています。一方で月のクレーターの研究から、約38億年前までに、月にも地球にも大量の隕石が衝突したことがわかりました。そこで、現存する原始的で好熱性の微生物は度重なる隕石衝突の灼熱地獄の生き残りとも考えられます。天文・地質・生物など多様な分野の研究者が集う京都で研究すれば、白黒つけられるかもしれませんね。

　1980年、白亜紀末の恐竜絶滅の原因が巨大隕石衝突だという説が発表さ

米国アリゾナ州にあるメテオール・クレーター（バリンジャー隕石孔）。直径1.2km、深さ200mで、約5万年前に地球に衝突した隕石によってできたと考えられている©D. Roddy, U.S. Geological Survey

れました。その約30年前、火山では生じない超高圧下で人工鉱物コーサイトが合成され、その後米国のメテオール・クレーターで天然コーサイトが発見されて隕石衝突孔と判明しました。以来、隕石衝突の認定基準が活発に研究されました。白亜紀末の隕石衝突が短期間で学界に認められたのは蓄積した基準に照らして証拠を効率的に集められたおかげです。

　化石や地層の縞模様をカレンダーに見立てた研究から、4億年前、地球は1日約22時間で自転していたことがわかっています。そのころ、今より月は地球に近かったと推定されています。月の引力で自転にブレーキがかかり、現在では1日が24時間になり、月も今の位置まで遠ざかりました。公転速度には変化がないので、4億年前、1年は約400日あったことになります。1年が400日、1日が22時間の世界、どう暮らすか、月を見ながら考えてはいかがでしょうか。

　生物が行う化学反応（代謝）の溶媒として不可欠な液体の水は、太陽系

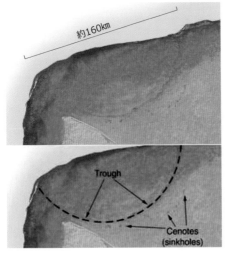

約160km

Trough

Cenotes
(sinkholes)

米国
ユカタン半島
メキシコ湾
メキシコ
キューバ
N

6600万年前、白亜紀の終わりに恐竜絶滅を引き起こした巨大隕石が衝突して作ったと考えられているチクシュルーブクレーター。メキシコユカタン半島沖の海に衝突した。点線の部分に衝突の跡が円形に残っている©NASA／JPL

現生の潮間帯の二枚貝の貝殻では、潮が引いたときに細い線が刻まれることが知られている。地層にも潮の満ち引きに応じて堆積したものがあり、過去の月と地球の関係の復元に使われている。

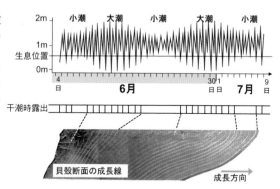

貝殻断面の成長線

成長方向

　の中で生物が生存できる範囲を決めるよい指標となります。氷でも水蒸気でもなく、液体の水が存在できるのは太陽と地球の距離を1として、0.95〜1.15という狭い輪の中だとする見積もりがあります。生命誕生以来35億年以上、地球は奇跡的にこの範囲を一度も外れず公転してきたようです。私たち人類の出現もこの幸運のおかげといえるでしょう。

　DNA構造の発見でノーベル賞を受賞したジェームズ・ワトソンは、地球の生命は文明が高度に発達した他の星から送り込まれて始まったと考えました。生命の起源との関連はともかく、地球外知的生命の探査には、米国のフランク・ドレイク博士をはじめとする世界中の研究者が取り組んでいます。でも見つけたとき、地球外知的生命体に「あんたら地球人、ホンマに知性的なん？」と問われたら、私たちはどう答えればよいのでしょうか？

（4/19 〜 4/24大野照文）

人が宇宙へ──国際宇宙ステーション

19 57年10月4日、初の人工衛星、スプートニク1号がソビエト連邦から打ち上げられました。この直径58cmの電波を発信する球体は、数カ月後に大気圏に再突入するまでの間に地球を千回以上周回しました。ソ連に人工衛星打ち上げで先を越されたことは米国社会に「スプートニク・ショック」と呼ばれる大きな衝撃を与えましたが、この翌年に米国も初の人工衛星打ち上げに成功し、人類の宇宙時代が幕を開けます。

人工衛星は太陽光を反射することにより、地上からも見えることがあります。花山天文台でも、当時、初の人工衛星を観測しようと準備を進めていました。レンズ磨きの名人・木辺成麿（75頁）が協力してできた新しい望遠鏡を赤道儀に取り付ける費用が無くて困っていたところ、寿屋（現サントリー）の佐治敬三専務が工事費の提供を申し出たという新聞記事が残されています。当時の日本社会も大騒ぎだったことが伺えるエピソードです。

1957年に初めて宇宙空間へ人工衛星が打ち上げられてから、わずか4年足らずで人間は宇宙へ行きました。人工衛星に続いて宇宙飛行士でも先行したのはソ連、わずかに遅れて米国が続きました。その後月探査で米国に先を越されたソ連は、代わりに地球周回軌道での宇宙飛行士の長期滞在に力を入れ、それが今日の国際宇宙ステーションにつながっています。これまで宇宙に行ったことがある人は500人を超えています。

今も地球の周りを回り、常時数名の宇宙飛行士が滞在している国際宇宙ステーションは、米国、ロシア、欧州、カナダ、そして日本が参加する国際プロジェクトです。全世界で15兆円を超える巨額の費用に見合うのかという批判もあります。しかし2014年のクリミア危機で米国とロシアの関係

が急速に悪化した際にも、国際宇宙ステーションでの協力だけは続けられるなど、国際協調の象徴としての意義もあります。

　20世紀の有人宇宙活動は、限られた先進国の国家プロジェクトとして行われていました。しかし2003年には中国が独自の有人宇宙飛行に成功し、インドも計画しています。そして近年は多くの民間企業が独自の事業として、観光などを目的とした有人宇宙飛行、さらには月旅行や将来の宇宙移住まで計画をしています。宇宙が特別な人だけが行く場所から普通の人が行く場所になる日も遠くないかもしれません。

（10/8 ～ 10/12磯部洋明）

人類、月に立つ

今から半世紀前の1969年7月21日（日本時間）に、米国の月探査船・アポロ11号のニール・アームストロング船長とバズ・オルドリン月着陸船操縦士の2人が、初めて月面を歩きました。その意義は人類の歴史にとどまらない、地球の生命の歴史の中でも特筆すべき出来事です。もっとも、他の天体への訪問が宇宙史的にも初めての偉業なのか、宇宙人たちのありふれた営みに加わったにすぎないのか、それはまだ分かっていません。

　人間を初めて月へ連れて行ったアポロ計画を生んだのは、冷戦を背景にした米ソの軍事競争でした。宇宙技術は軍事技術と直結しており、宇宙開発の成果は国力の象徴でもあったのです。しかし米国の国威発揚を意図したこの壮大な事業の成果は、米国外の多くの人々にも人類的偉業として受け取られました。月面着陸を受けた日本の新聞各紙の号外には、「人類ついに月到達」などと「人類」を主語にした見出しが並んでいます。

　このアポロ計画は月面に足跡を残して星条旗を立てただけでなく、月震計を設置したり岩石サンプルを持ち帰ったりとさまざまな科学的探査を行っています。11号以降、トラブルのあった13号を除く計6回のミッションで月面有人探査が行われましたが、ベトナム戦争の戦費がかさんだことなどから、1972年の17号を最後に計画は中止されました。その後も月の無人探査は行われていますが、月面へ降りた人間は一人もいません。

　このように、月面着陸に世界が沸いたアポロ計画ですが、バートランド・ラッセルやハンナ・アーレントといった哲学者、そして貧困や差別に苦しむ人々からの疑問や懸念も表明されています。アフリカ系アメリカ人であるギル・スコット・ヘロンが作った「ホワイティ・オン・ザ・ムーン」

人類初の月着陸の際にとられたオルドリン宇宙飛行士の写真。アームストロング船長
撮影（1969年 7 月21日、日本時間）

という歌には、白人は月へ行っているのに自分は家族の医者代も払えない
苦しさと不条理が歌われています。今日の宇宙開発や巨大科学にも通じる
批判もあるのです。

しかし、2011年に京大宇宙ユニットとJAXAが共催したシンポジウムにおいて、評論家の立花隆氏は「永久に続くように思えた東西冷戦を終わらせたのはアポロが宇宙から撮った地球の写真だと思う」と述べました。マスメディアの発達により全世界に共有された美しくもはかない地球の姿は、この星の上で人々が殺し合うことのバカバカしさに気づかせてくれたのでしょう。あれから半世紀、人類は再び月を目指そうとしています。

（7/21 ～ 7/25磯部洋明）

月における地球の出。アポロ８号による撮影（1968年12月24日）。史上最も影響力をもった写真として知られている©NASA

ガガーリンから宇宙太陽光発電所へ

◆

松本紘

　1961年4月12日に人類最初の宇宙飛行から無事帰還したガガーリンが、翌年5月に京都大学へやってきました。大学2年の初夏のことです。正門前の吉田神社参道に黒山の人だかり、その後からようやく見えたのは血色の良い小柄な軍人でした。強い意志を宿した目、小柄ながら頑丈そうな体躯は、さすが最初に宇宙に飛び立った人間のそれでした。私の瞳に写った彼の瞳と姿が、私の興味を宇宙へと駆り立てました。

　ガガーリン帰還の4年前、米ソ宇宙開発競争の最中、1957年に人類初の人工衛星スプートニクは打ち上げられます。祖父の棺桶を運んでいる最中、中学生だった私の耳にラジオからこのニュースが飛び込んできました。宇宙とのご縁はこの時からなのかもしれません。ある時、ガガーリンが乗ったボストーク1号のカプセルに入る機会を得ました。まさに棺桶のように狭いカプセルの中、過酷な宇宙の旅によく耐え抜いたものだと感嘆しました。

　この人類初の人工衛星「スプートニク1号」を皮切りに、気象、放送、通信、測地、軍事などの実用的な衛星が次々と打ち上げられました。GPSや地球の全球画像、気象データなど、宇宙の「利活用」は今や人々の生活に必要不可欠です。私も科学衛星やロケットによる宇宙空間観測だけでは物足りなくなり、将来の宇宙利用として、太陽のエネルギーを電気として活用する宇宙太陽光発電所（SPS）の計画に邁進しました。

　将来、人類が太陽系に進出し宇宙文明圏を開拓するには、太陽エネルギーを活用すべきです。二酸化炭素を排出しない宇宙太陽光発電所は、温暖化対策と

しても有効です。原子力発電も二酸化炭素を出さない大型電源ですが、福島での原発事故以来、安全性が疑問視されています。静止軌道上の超大型太陽電池から電力を無線で地上に送ることは容易ではないですが、原子力のように制御困難なテクノロジーではありません。

　宇宙太陽光発電所では100万から1千万kWの直流を発電し得られた電力はマイクロ波で地上に送ります。1983年、私は仲間と共に世界初のマイクロ波送電ロケット実験を成功させました。大電力マイクロ波が地球周辺の空間をよぎる時の影響を実験とシミュレーションで解明し、その後JAXAと共にシステム設計を進めています。40年前に私たちの研究グループは太陽の膨大なエネルギーを人類が「食べる」術があることを実証しました。

　ロシア宇宙航行学協会よりガガーリンメダルをいただいた翌年、2007年に私は国際電波科学連合会長として宇宙太陽光発電所のノウハウを白書にまとめます。白書は今や中国やインドでも読まれています。そして、教え子の篠原真毅京大教授の研究室には、海外から留学生がやってきます。現在各国が研究開発に力を注ぐ月面活動でも、宇宙太陽光発電は有用です。日本が先鞭をつけた技術を他国が実用化するという轍を踏まぬよう、日本は宇宙研究開発に投資し世界をリードしていくべきです。

（4/12,4/14 〜 4/18）

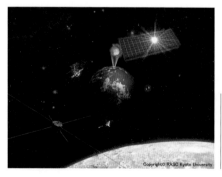

宇宙太陽光発電所の想像図。宇宙空間に設置した巨大太陽電池パネルで受け取った太陽エネルギーをマイクロ波で地球に送電している様子を描いたイラスト©京都大学生存圏研究所

花山天文台へのメッセージ

　人材は宝であり、それを支える教育活動は重要です。宇宙天文科学への寄与はもちろん、アマチュア天文学の聖地、宇宙文化教育の聖地として花山天文台は歴史を重ねてきました。90年を越えて子どもたちに宇宙や科学技術の魅力に触れ好奇心を育む場を提供し、宇宙に関わる人材育成に尽力してこられた関係者の皆様に敬意を表します。この先、時代に即した前向きな変化と、未来へ受け継いでいくべき伝統が共存する、進化する天文台として発展することを祈念します。

桂離宮を訪れたソ連の宇宙飛行士ガガーリン夫妻（1962年5月25日撮影）。この後、京大を訪問。そのとき松本紘元京大総長が京大生として目撃し感銘を受け宇宙研究を志した（京都新聞社）

4 宇宙を詠む

　〈太古より宇宙は霽（は）れて飾松　正木ゆう子〉と、宇宙の晴れ上がりという宇宙物理学の概念がうまく詠み込まれています。〈太陽に謝す桑の実と私と　石田郷子〉と、太陽の恵みを詠む方もいます。銀河や天の川は秋の季語ですが、〈眠るたび父は銀河に近づきぬ　櫂未知子〉と、銀河には故人への思いが重なり、〈あらうみや佐渡に横たふ天の川　芭蕉〉のように、天の川は風景ととらえられる傾向があるようです。

（4/26尾池和夫）

第5章

太陽系

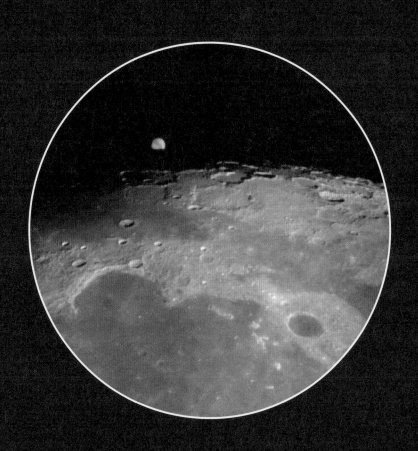

星はみな太陽――ガリレオが見た宇宙

太 陽は地球に最も近い恒星です。夜空の星はみな太陽。このことを最初に言い出したのは、16世紀、イタリアのブルーノでした。彼の説はキリスト教の教えに反したので罰せられ、それでも主張をやめなかったので、ブルーノは火あぶりの刑にされてしまいました。

17世紀初頭、ガリレオが望遠鏡で見た宇宙の姿は驚くべきものでした。金星は月のように満ち欠けし、月の表面にはクレーター、太陽には黒点、木星には四つの衛星があり、天の川は星の集まりでした。ガリレオは望遠鏡で月、太陽、金星、木星などを初めて観測した結果、地球は太陽の周りを回っているという地動説を確信して世間に発表しました。世間はガリレオを称賛しましたが、キリスト教会が有罪としました。ブルーノの悲劇を知っていたガリレオは「それでも地球は動く」と言いながらも、自説をひっこめました。

（9/20 ～ 9/21柴田一成）

太陽黒点のひみつ

ガリレオは太陽黒点を初めて望遠鏡で観察しました。1611年のことです。当時ヨーロッパではほかにも望遠鏡で黒点を観測した人がいましたが、ガリレオは毎日のスケッチから、黒点が太陽面の現象であり、太陽が自転していることを発見しました。太陽が汚れのない天体とされた時代にこれは大きな衝撃だったことでしょう。ガリレオは地動説を唱えて糾弾されますが、黒点もこれを支持する一つの証拠だと考えたのです。

　黒点はなぜ黒いのでしょう？　それは周りよりも温度が低く光が弱いからです。太陽の表面は約6000度で光っていますが、黒点の中は4000度です。でもタングステンランプよりも温度は高いので、夜空に黒点をおいたらとても明るく輝くことでしょう。黒点に強い磁場があることが1908年ヘールによって発見されました。太陽表面に熱を運んでいる対流が磁場の力で抑えられるため、黒点の温度は低くなっているのです。

　太陽黒点の数は約11年で増えたり減ったりします。黒点が多い「極大期」には、太陽はX線で輝きフレア爆発が頻発します。黒点の記録をさかのぼると太陽はこの11年周期

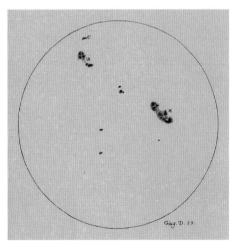

ガリレオがスケッチした1613年6月23日の太陽黒点。ガリレオは約1カ月間連続観察した©TheGalileoProject

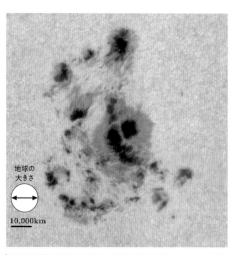

を過去300年続けてきたこと
が分かります。黒点の磁場は
電流が作ることから、太陽内
部で発電（ダイナモ）効果が
働いていると考えられていま
すが、そのしくみはまだよく
分かっていません。ちなみに
2018年から2020年ころまでは
太陽は黒点がほとんど無い
「極小期」が続きました。

2017年9月6日に11年ぶりの大フレアを起こした大黒点。図中の矢印の長さは地球の直径（1万3000km）を表す（京大飛騨天文台が9月4日撮影）

　日本神話に、神武天皇を熊野国から大和国に道案内する3本足のカラスが登場します。中国や朝鮮半島の神話では三足カラスが太陽にすむといいます。これが太陽の化身とされる八咫烏で、今では日本サッカー協会のシンボルとしておなじみです。太陽に大黒点が発生すると肉眼でも見え、日ごと東から西へ移動します。これが八咫烏の正体でしょうか。「日」の字のルーツは〇の中に黒い点、日本の国名には太陽黒点が潜んでいるのです。

（1/19 〜 1/22一本潔）

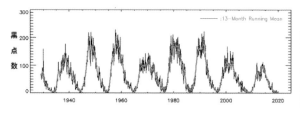

太陽黒点数の年ごとの推移を示すグラフ。約11年で増減を繰り返す。黒点が多いときは活動が活発（国立天文台提供）

黒点とフレア

太陽に大きな黒点が現れると、フレアと呼ばれる爆発が起きます。フレアからは強いX線、大量の放射線粒子、高速ガス雲などが飛び出し、地球にぶつかると、地球の高緯度地域ではオーロラが現れます。オーロラはきれいで良いのですが、実はそのとき地球全体は大変な災害に見舞われます。通信障害、人工衛星故障、停電、宇宙飛行士の被ばく、などです。飛行機に乗っていても放射線被ばくの恐れがあるというから怖い話です。

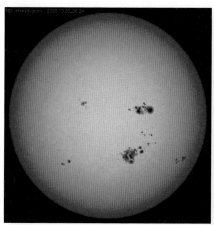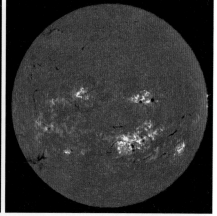

どちらも同じ日に撮影された太陽だが、撮影方法が異なる。㊧可視光で撮影した太陽（SOHO衛星©NASA）。黒く見える部分は黒点。㊨水素原子が出す特殊な光（Hα線）で撮影した太陽（京大飛騨天文台）。黒点の近傍は白く光っている。これは黒点周辺でエネルギーが解放されている証拠（いずれも2003年10月30日撮影）

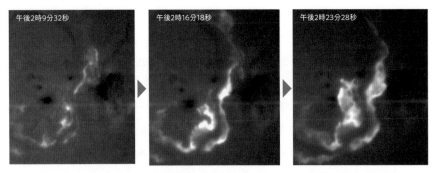

午後2時9分32秒　午後2時16分18秒　午後2時23分28秒

花山天文台ザートリウス望遠鏡で観測された大フレア（2001年4月10日、Hα像）

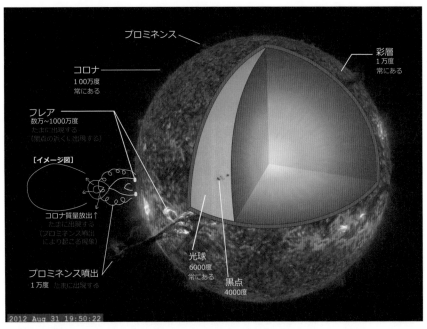

プロミネンス

彩層
1万度
常にある

コロナ
100万度
常にある

フレア
数万〜1000万度
たまに出現する
（黒点の近くに出現する）

[イメージ図]

コロナ質量放出↑
たまに出現する
（プロミネンス噴出
により起こる現象）

プロミネンス噴出
1万度　たまに出現する

光球
6000度
常にある

黒点
4000度

2012 Aug 31 19:50:22

太陽の諸現象の概念図。太陽全体（彩層）は、2012年8月31日、SDO衛星によって撮影された画像（©NASA）を使用。光球と内部構造は想像図

オーロラがよく見えるカナダ、北欧などは、オーロラ発生に伴う磁気嵐により、停電や電気機械の故障が頻繁に起きます。日本は中緯度地域なのでオーロラはほとんど見えませんが、10年に1回の大フレアが起きると北海道で赤いオーロラが見えることがあります。

　太陽から放たれる光のエネルギーのおかげで、地球上の生命は生まれ、進化し、人類が誕生しました。地球の気象現象のエネルギーの源も太陽ですし、火力発電の化石燃料も何億年か前の植物が残した太陽エネルギーです。太陽は地球や生命の母ともいえます。ところが母はやさしいだけとは限りません。ときには大きな黒点が現れて大フレアを起こし人類社会を困らせます。母は地球文明の暴走を叱っているのかもしれません。

（9/22 〜 9/24柴田一成）

明月記とオーロラ

藤原定家の明月記には、鎌倉時代の初頭に京都で赤気（オーロラ）が見えたという記録が残っています（23、44頁）。京都でオーロラが見えたのだから、さぞ大きなフレアが起きたに違いありません。当時は電気も人工衛星もなかったので何の被害もありませんでした。しかし800年ほど前に京都でオーロラが見えるほどの超巨大フレア（スーパーフレア）が起きた、ということの意味は重大です。今後、太陽で超巨大フレアが起きる可能性を示唆するからです。

（9/25柴田一成）

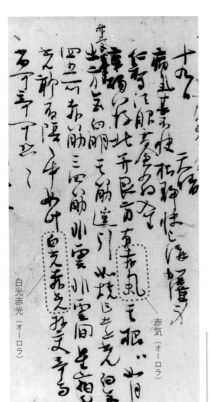

白光赤光（オーロラ）

赤気（オーロラ）

読み下し文

十九日　天晴れる　病気甚だ不快（中略）北ならびに艮（北東）の方に赤気有り、（中略）光いささかも陰らざるの中に、此の如き白光赤光、相交わる、奇して尚奇すべし、恐るべし、恐るべし

藤原定家の日記・明月記に記録されたオーロラ（赤気と白光赤光）。元久元（1204）年正月（冷泉家時雨亭文庫提供）

皆既日食とコロナ

月が太陽と重なって地球にその影を落とすと日食が起こります。太陽の大きさは月の約400倍。小さな月が大きな太陽を隠すわけですが、太陽は地球から月の約400倍離れているため、地球から見た太陽と月の大きさはくしくもほぼ同じです。太陽のみかけの大きさは時期によって1.7％、月は14％ほど変わります。月が太陽より大きいと皆既日食に、小さいと金環日食になります。太陽と地球と月のなんとも絶妙の関係です。

　月が太陽を完全に隠すと空が夜のように暗くなり、荘厳なコロナが現れます。太陽の何倍もの大きさで放射状に輝くコロナを見たとき、人は自然界に対する名状しがたい畏怖の念を覚えることでしょう。コロナが太陽の強い重力に逆らって遠くまで広がっていることは、コロナの温度が非常に高いことを示唆します。花山天文台第3代台長の宮本正太郎は、戦中、世界に先駆けてコロナの温度が100万度であることを示しました。

（12/20 ～ 12/21一本潔）

日食と歴史──岩戸伝説と源平合戦

同じような日食が約18年ごとに見られることが、紀元前のバビロニア時代から知られています。ハレーはこれをサロス周期と呼びました。正確な周期は6585日と約 8 時間であるため、そのサロスに属する次の日食は、地球上の経度が約120度ずれた場所で起こります。地球が丸いことも知らなかった時代によくぞ気がついたものだと感心します。一つのサロスに属する18年ごとの日食は1200 ～ 1500年間繰り返します。

神代の昔、太陽の神、天照大御神が天岩戸に隠れ世界が真っ暗になり、神々は恐れおののいた、との岩戸伝説。日本に残る最古の日食伝承かも知れません。また、1183年（寿永 2 年）11月、水島の源平合戦のさなかに金環日食が起こりました。「源平盛衰記」には、源氏の兵は恐れおののいて退散したが、日食を知っていた平氏の兵は勢いを得て戦う、とあります。日食が人々に恐怖を与えることと、それを予報することの重要性を物語っています。

（12/22 ～ 12/23一本潔）

コロナはなぜ熱いのか

太陽の表面が約6000度であるのに対して、コロナの温度が100万度を超えるのはとても不思議なことです。火がついてないコンロの上でお湯が沸騰しているようなものです。これを説明するために、太陽面から出た波がコロナで砕けて熱を出す、という波動説と、小さな爆発がコロナの中で無数に起こって熱を出すという、ナノフレア説が提唱されています。コロナの加熱問題は今でも最前線の研究課題になっています。

　皆既日食に見られるコロナの形はいつも同じではありません。時には明るい筋模様が四方八方に伸びて丸い形に見えますが、ある時は東西方向に細長い形をします。これは太陽の活動周期と関係していて、黒点が多い極大期には明るく丸いコロナ、極小期には細長いコロナになるのです。古代エジプトやメソポタミアの神殿にみられる翼の生えた太陽の模様は、極小期の皆既日食を表しているのではないかといわれています。

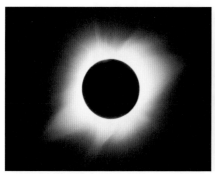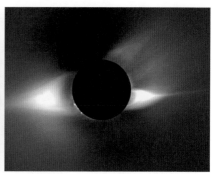

コロナは極大期には円形に広がり、極小期には翼が生えたように東西方向に伸びる。㊧極大期の太陽コロナ（1991年7月11日、ⓒ京大花山天文台）。㊨極小期のコロナ（1994年11月3日、ⓒ米国高高度観測所HAO）

2020年 6 月21日、日本各地で部分日食が見られました。アフリカから東南アジアでは金環日食になりましたが、日本からは月の位置が少しずれて部分日食となりました。2023年 4 月20日午後、沖縄など日本の一部地域でほんのわずか（面積で10％未満）欠ける部分日食が見られます。日本で見られる本格的な日食は10年後の2030年 6 月 1 日まで待たなければなりません。京都では66％の面積が欠け、北海道では金環日食となります。太陽と月の運行を体感できる絶好の天体ショーです。ただ観察には日食メガネを使うなど、安全への注意が必要です。

（12/24 ～ 12/26一本潔）

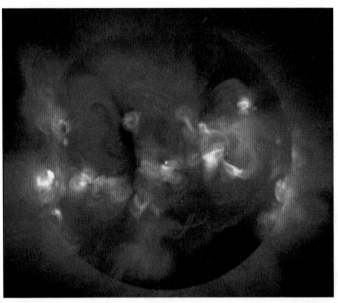

太陽コロナのX線像。1992年 2 月 1 日、ようこう衛星軟X線望遠鏡（SXT）による。Sky & Telescope誌（2000年 1 月号）の"20世紀で最も印象に残った天体写真ベスト10"に選ばれたもの©ISAS/JAXA

プロミネンス噴出とコロナ質量放出

皆 既日食の際、真珠色のコロナの他に、太陽の縁に赤い炎のようなものが見られます。これはプロミネンス、日本語では紅炎と呼ばれます。しかし、炎とは正反対で100万度のコロナ中に浮かぶ1万度程度の冷たいガスです。プロミネンスは太陽の磁場に支えられて何週間も安定していることもありますが、しばしば太陽の強い重力をも打ち破って宇宙空間へ猛スピードで飛び出すことがあり、プロミネンス噴出と呼ばれます。

プロミネンス噴出は、周りのコロナのガスも引き連れて宇宙空間に飛び出します。コロナ質量放出と呼ばれるこの現象では、1回で100億tの質量のガスを宇宙空間に放出します。コロナ質量放出は、黒点が多い時期には1日平均5回、少ない時期でも2回起きています。しかし、太陽はとてもとても重たいため、太陽が誕生してからの46億年間でコロナ質量放出により失ったのは、わずか0.002%にすぎません。

2004年11月2日のプロミネンス噴出。花山天文台ザートリウス望遠鏡で撮影

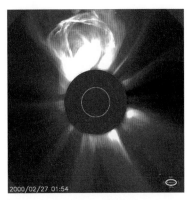

2000年2月27日に観測されたコロナ質量放出。中央の暗い部分は太陽を隠している金属円盤で、内側の白い円は太陽の位置。上の明るい白い部分が太陽面爆発（フレア）に伴って放出されたガス©NASA

コロナ質量放出は、1000km（およそ京都から青森まで）を1秒間で進むような猛スピードで宇宙空間を飛んで行きます。太陽は地球の位置などお構いなしですから、たまたま地球の方向に向かってこの超高速のガス雲を吹き飛ばすことがあります。直撃を受けた地球では、大規模な地磁気の変動（磁気嵐）が起こります。1989年3月の磁気嵐では、カナダで変圧器の故障により電力網が破壊され、大停電が起きました。

　コロナ質量放出では、太陽から大量のガスが猛スピードで放出されます。この時、陽子や電子などの粒子が光速近くまで加速されることが知られており、太陽高エネルギー粒子と呼ばれています。これもまた地球近傍に飛来すると、人工衛星の故障や宇宙飛行士の被ばくなどの災害をもたらします。将来、月や火星への往来を検討する際も、太陽高エネルギー粒子の人体への影響は深刻で、きちんと考慮する必要があります。

（3/12 ～ 3/15浅井歩）

宇宙天気予報

太陽面で巨大フレアが起きると、コロナ質量放出が起きたり、大量のエックス線や紫外線が放射されます。コロナ質量放出が地球にぶつかると、磁気嵐やオーロラが発生します。その結果、地上では雷が落ちたのと同じような大電流が突然流れて、被害が生じます。また、エックス線や紫外線は地球を取り巻く大気（電離層）によって吸収されるので、地表面で生活していると気づきませんが、電離層はこれらの光の影響を強く受けて大きく乱れます。短波通信のように電波を地表面と電離層との間を反射することで伝わる長距離通信は、不能となることがあり、デリンジャー現象と呼ばれています。

天気予報やカーナビのように、現代社会は多くの人工衛星からのデータに頼っているため、宇宙はインフラの一つです。そのため、宇宙環境の監視や将来を予報する宇宙天気予報は不可欠であり、世界中で地上の天気予報と同じような予報の実現へ向けて研究が進められています。ところで、宇宙天気予報という言葉が学術誌などで使われ始めたのは1988年ごろの日本で、アメリカよりも早かったといわれています。

太陽黒点数は周期的に増減しますが、17世紀後半の数十年間、太陽黒点が極めて少ない時期が続きました。またこの頃、全世界的に寒冷化していたことが知られています（ミニ氷河期）。太陽からの光のエネルギーも、わずかですが黒点数と同じように変動しますから、何か関係があるのでしょうか？　太陽活動の長期的な変動など、宇宙の現象が地球の気候に及ぼす影響は宇宙気候と呼ばれ、世界中で研究が進められています。

（3/17 〜 3/19浅井歩）

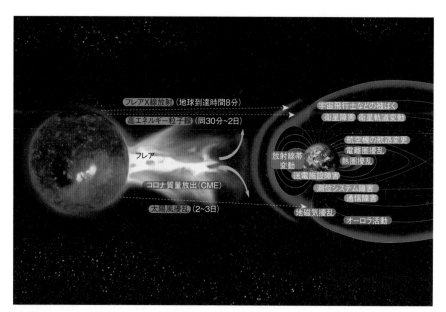

太陽コロナから噴出したコロナ質量放出が地球磁気圏に衝突する様子。この結果、磁気嵐やオーロラが発生し、地球社会にさまざまな被害が起こる。そのためこれらの現象の予報（宇宙天気予報）が現代社会の緊急課題となっている©Masaki Kanamori

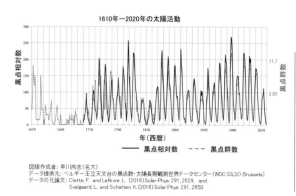

図版作成者：早川尚志（名大）
データ提供元：ベルギー王立天文台の黒点数・太陽長期観測世界データセンター（WDC SILSO Brussels）
データの元論文：Clette, F. and Lefèvre, L. (2016) Solar Phys. 291, 2629, and
Svalgaard, L. and Schatten, K. (2016) Solar Phys. 291, 2653

1600年ごろ〜現在までの黒点数変動。縦軸は黒点数、横軸は西暦を表している。1645〜1715年ごろは黒点数が極めて少なかった。この時期は発見者の名前にちなんでマウンダー極小期と呼ばれ、地球全体が寒冷化していた©NASA

水星——灼熱と極寒、極端な環境を持つ

水星は太陽系で最も内側に位置する、最も小さな惑星です。表面は無数の「クレーター」に覆われ、月に似た見た目をしています。重力が小さいためにほとんど大気を持っておらず、昼夜間の温度差を大気循環によって和らげることができません。そのため、昼側（太陽の方を向いている側）は灼熱の世界（427度）、夜側は極寒の世界（マイナス183度）となり、地球と比べて極端な環境を持っているのが特徴です。

　水星には過去にわずか2機しか探査機が送り込まれていません。すぐ近くの太陽からの重力の影響が大きいために、探査機をうまく水星軌道に乗せることが難しいためです。そんな中、宇宙航空研究開発機構（JAXA）と欧州宇宙機関（ESA）は2018年10月に共同で水星探査機ベピ・コロンボを打ち上げました。順調に行けば2025年末に水星に到着し、水星についての新しい情報、あるいは新しい謎が地球に送られてくる予定です。

　水星は地球よりも内側の軌道を回っており、地球から見るといつも太陽の近くに見えることになるため、普段は肉眼では見ることが難しい惑星です。ところが、水星が太陽から最も離れる東方最大離角では、日の入り後の西の空で水星を見られる可能性があります。また西方最大離角では、日の出前に東の空で見られる可能性があります。ただ水星の高さが低いと、観測は非常に難しくなります[※]。

※2021年の東方・西方最大離角の日程は以下の通り
　（国立天文台の暦計算室https：//eco.mtk.nao.ac.jp/koyomi/）より
　東方最大離角　2021年1月24日、5月17日、9月14日
　西方最大離角　2021年3月6日、7月5日、10月25日

水星を輪切りにすると、内側には鉄でできた「コア」が、その外側には岩石でできた「マントル」があり、それぞれ水星全体の7割と3割を占めています。ところが、金星や地球や火星はその逆で、3割の鉄と7割の岩石から成っています。この違いは、大昔に水星に巨大な天体が衝突して、もともと持っていた分厚いマントルが剝ぎ取られてしまったためだと考えられています。水星は壮絶な過去を持つ惑星なのですね。

（6/22 〜 6/25佐々木貴教）

| メッセンジャーが2008年に撮影した水星©NASA

金星——高温高圧の灼熱地獄

金星は地球のすぐ内側を公転している惑星です。月を除けば夜空で最も明るく見えます。これは、金星が太陽に近く地球に最も近い位置にあることが大きな要因ですが、もう一つ、金星一面を覆う雲が太陽からくる光の78%を反射するためでもあります。望遠鏡で金星を観測すると、月のように満ち欠けすることがわかります。ガリレオは望遠鏡で金星の満ち欠けと大きさの変化を観測し、地動説が正しいことを確信しました。

1970年、旧ソ連の探査機ベネラ7号は金星表面への軟着陸に成功し、着陸後23分間、データを地球に送り続けました。そのデータから表面温度が鉛も溶ける475度、表面気圧が90気圧であることが明らかになりました。金星表面が高温に保たれているのは、大気中の主成分である二酸化炭素による温室効果のためです。地球も二酸化炭素が増えていくと、温室効果が暴走し、金星のような灼熱地獄になるかもしれません。

金星の雲は、偏光観測データや雲の粒子の屈折率の波長による変化から、水ではなくて濃硫酸であることがわかりました。金星表面にある黄鉄鉱が二酸化炭素や水と反応して、亜硫酸ガスを生じ、このガスが上空で酸素や水と反応して高度50〜70kmに濃硫酸の雲を作ると考えられています。この雲から硫酸の雨が降ります。大変怖い話ですが、この雨は高度30km付近で高温のため蒸発し、表面まで達しません。

（2/1〜2/3岩﨑恭輔）

スーパーローテーション

金星はレーダー観測から、他の惑星とは違って公転方向とは逆向きに243日で自転していることがわかっています。しかし、金星の上空70km付近の硫酸の雲は自転と同じ向きに約4日で1回転しています。したがって、この雲付近では金星表面の60倍の速さの風が吹いていることになります。スーパーローテーションと呼ばれるこのような高速の風を生じるエネルギーがどのようにして供給されるのかはまだわかっていません。

　金星は一面厚い雲で覆われているため表面を見ることができません。しかし、電波は雲を通過することができるので、1960年代以来、地上からのレーダー観測や金星探査機マゼランのレーダー観測により表面の地形が調べられています。その結果、高さ約8000mのなだらかな楯（たて）状火山（マアト山）などが発見されています。火山の周りには溶岩の流れた跡が見られ、火山以外にもいろいろな火山地形が見つかっています。

（2/4 ～ 2/5岩﨑恭輔）

日本の金星探査機あかつきが2018年3月18日に撮影した紫外線画像©JAXA

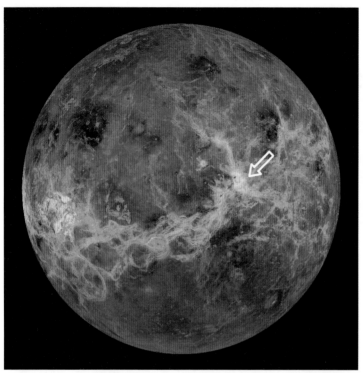

初めてのレーダー観測によって金星の表面地形が判明した。色は電波の
反射率による。暗い所は低地に対応する。図中の矢印は高さ8000mの
マアト山。1996年探査機マゼランによる撮影©NASA

金星の満ち欠け。細長い形になるほど地球との距離が近く、大きく見え
る。ガリレオはこの現象を発見して地動説の正しさを確信した（国立天
文台提供）

月とクレーター

月を望遠鏡で見るとエクボのような穴が数多く見られ、クレーターと呼ばれています。隕石衝突の跡だと考えられています。大きなクレーターには、1651年イタリアのリチオリによりアルキメデス、コペルニクスのような著名な哲学者、天文学者の名前がつけられています。1970年の国際天文学連合総会では、月の裏側のクレーターにも命名され、その中にはヤマモト（山本一清）など7名の日本人の名前も含まれています。

月の表面には明るい地域と暗い地域があり、明るい地域は高地、暗い地域は海と呼ばれています。高地は一面大小のクレーターにおおわれています。一方、海は低くて平坦で、クレーターはあまり見られません。海は「雨の海」や「晴れの海」のように気象に関係した名前がつけられ、多くは円い形をしており、地下から湧き出た玄武岩質の溶岩が巨大なクレーターを埋め尽くしたものです。月の裏側にはほとんど海はありません。

1969年にアポロ11号による人類史上初の月面着陸が成功しました。アポロ宇宙船の着陸地点を探すためには詳細な月面図を作る必要があり、そのために日米英仏による国際共同月面写真観測が行われました。花山天文台では1963年より60cm反射望遠鏡を用いて、国際共同月面写真観測に参加しました。撮影された70mm長尺フィルムはアメリカのNASAに送られ、それらを用いて詳細な月面図が作成されました。

（9/7 ～ 9/10岩﨑恭輔）

月の北縁に沈む火星（火星食）。1941年11月2日、花山天文台クック30cm屈折望遠鏡にて藤波重次氏撮影。下の黒い領域は「雨の海」

月の起源──ジャイアントインパクト説

人類にとって最も身近な天体である月。その起源については昔からいろいろな説が提案されてきました。ところが1960年代のアポロ計画による月探査データから、月はほぼ岩石のみでできていること、形成時には岩石が溶けるほどの高温を経験していること、など特殊な条件を満たす必要があることがわかりました。こうした条件を満たすアイデアとして1970年代に新しく登場したのが、ジャイアントインパクト説です。

今から約45億年前、できたばかりの地球に火星サイズの天体が衝突しました。そのときに天体のマントル（岩石）は溶けて地球の周りに飛び散り、その後それらが互いの重力で一つに集まって月が形成されました。これがジャイアントインパクト説の概略です。このアイデアはコンピューターを用いた数値計算によって検証され、まだいくつかの謎が残されてはいますが、現在では月の起源の有力な説と考えられています。

(9/11 ～ 9/12佐々木貴教)

探査が進む地球の隣人、火星

火星は地球のすぐ外側を公転しており、約2年2カ月ごとに地球に接近します。火星が赤く見えるのは、表面の岩石中に含まれる鉄分が赤くさびているためです。直径は地球の半分ほどで、1日の長さは地球より少し長く、自転軸も地球と同じように傾いているため、季節の変化が見られます。大気は非常に薄く、地球の100分の1以下で、ほとんどが二酸化炭素です。大気が薄いため、平均温度はマイナス50度以下です。

火星のマリネリス峡谷。全長4000km、幅100km、深さ7kmで地球のグランドキャニオンと似ているがその10倍の長さである©NASA

火星にはかつて水が流れた川のような地形が多数存在しており、アメリカの探査車は水がないと生まれない鉱物を発見しています。しかし、現在の火星は大気が希薄で気温が低いので、通常は表面に液体の水は存在できません。火星の初期には大気が厚くて気温が高かった時期があり、大量の液体の水が存在していたと考えられています。現在でも残っている水は永久極冠や高緯度地方の永久凍土の中に閉じ込められています。

　火星を望遠鏡で観測すると北極や南極が白っぽく見えます。これは極冠と呼ばれ、大気の主成分である二酸化炭素が凍ったドライアイスや水の氷からできています。冬の間、極地方は極霧におおわれ地表はほとんど見えませんが、春分の頃になると極霧が晴れ上がり、白く輝く極冠が見えてきます。ドライアイスからなる極冠は春から夏にかけて縮小し夏至頃になると縮小しなくなります。永久極冠と呼ばれ水の氷からできています。

（4/4 〜 4/6岩﨑恭輔）

火星の火山と大峡谷

火星にはオリンポス山と呼ばれる太陽系最大の楯状火山があります。高さが25km、直径が700kmもあります。火星にはプレート運動がなく、いつも同じところでマグマの噴火が起こったためです。火星には巨大な峡谷もあります。マリネリス峡谷と呼ばれ、赤道付近を東西に約4000kmにわたって延びており、幅は約100km、深さは約7kmもあります。地殻の伸長運動による陥没によってできたと考えられています。

　火星には月に比べて非常に小さい二つの衛星フォボスとダイモスがあります。いびつな形をしており、火星に近いフォボスは最大直径が28km、ダイモスの最大直径は16kmです。二つの衛星は火星本体にごく近いところを公転しており、フォボスは火星の自転速度より速く公転しているため、4時間で西から昇って東に沈みます。JAXAは2020年代前半にもフォボスを探査し表面のサンプルを持ち帰るミッションを計画しています。

（4/7 ～ 4/8岩﨑恭輔）

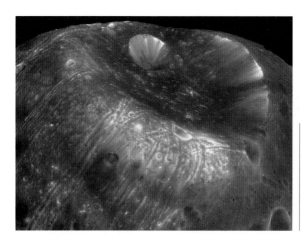

火星の衛星フォボス。最大直径は28km、火星の周りをわずか7時間40分で回る。火星から見ると一日2回西から昇って東に沈む。大小無数のクレーターで覆われている©NASA

小惑星に名を刻む
「京都」「京大花山天文台」

太陽系には惑星だけではなく小さな天体が無数にあり、そのうち彗星^{すいせい}のように尾のないものや周りがガスで覆われていないものを小惑星といいます。小惑星の中で最大のケレスでも直径1000km足らずで、惑星になりきれなかった微天体だといわれています。現在登録されているものは2019年4月現在で約54万個ですが、暗くて小さくて見つからないものは無数にあるでしょう。小惑星の大部分は火星と木星軌道の間にありほぼ円軌道を描いて周期3〜5年で公転しています。

　登録された小惑星には確定番号が付けられますが、固有名（アルファベット）を持つ小惑星は全体の1割程度しかありません。当初は女神優先でギリシャの神々の名前がつけられていました。数が増えるにつれて足りなくなり、世界中の神様、物語の登場人物、科学者や芸術家の名前、発見者ゆかりの地名などが付けられましたが、そろそろネタ切れです。ただし企業・政治家・軍人・ペットの名前は原則として認められません。

　京都の地名にちなむ名前の付いた小惑星はキョウト、ヘイアンキョウ、スザク（朱雀、平安京を守る四神のひとつで南方を守る）、ヒエイザン、カモガ

探査機はやぶさ2が撮影した小惑星リュウグウ。左の図の矢印は右の図の黄色い枠を示している。黄色い枠の右に見えるのがはやぶさ2の影（2018年9月21日高度70mから撮影）©JAXA

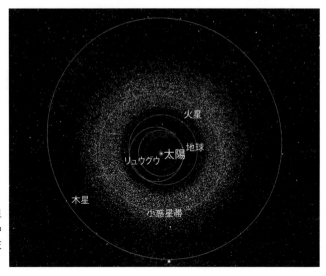

小惑星帯（火星・木星間の小惑星軌道が集中している領域⃝C国立天文台

ワなどがあります。キョウトは1989年10月29日にダイニックアストロパーク天究館（滋賀県多賀町）の杉江淳氏によって発見されました。公転周期は4.6年、直径は約11kmです。サイズが知られている小惑星は少数です。滋賀ではビワコ、オオツキョウなどもあります。

　京都人の名前にちなむ小惑星はたくさんあります。セイメイ（安倍晴明）は1976年10月22日に木曽観測所で香西洋樹氏・古川麒一郎氏によって発見されました。公転周期は5.7年、直径は約13kmで大きいほうです。クウカイ（空海）、テイカ（藤原定家）、ユカワ（湯川秀樹）はいうまでもないですね。またキヨモリ（平清盛）、ヨリトモ（源頼朝）、トキワゴゼン（常盤御前）など平家物語の主な登場人物はほとんど小惑星になっています。

　花山天文台関連では、そのものずばりカサン（花山天文台）を筆頭に、ヤマモト（山本一清）とショウタロウ（宮本正太郎）があります。それぞれ花山天文台初代および第3代台長です。カナメ（中村要）は1975年以来観測も多くサイズは約17km、さらに18時間周期で自転することも知られています。彼は幾多の先駆的な重要な発見をした花山天文台職員です。

（6/11〜6/15作花一志）

木星——高速回転の巨大ガス惑星

ギリシャ神話主神ゼウスの星にして太陽系最大の惑星。ほとんど水素でヘリウムが少々のガスの塊。自転周期が約9時間56分と高速なため、遠心力で扁平（へんぺい）になり表面に縞（しま）模様があることが小望遠鏡でも見えます。ガスの塊といわれますが深いところは液体とも気体ともいえない超臨界状態と考えられています。現時点では79個の衛星が知られており、そのうちガリレオ・ガリレイが約400年前に望遠鏡を宇宙に向けたときに発見した四つの衛星はガリレオ衛星と呼ばれています。

　木星を小望遠鏡で見てもわかる「目玉」が大赤斑。地球の台風（熱帯低気圧）にたとえられますが逆回転の高気圧性の渦です。地球の台風や高・低気圧は1週間前後の寿命なのに対し大赤斑はずっと長生きで、パリ天文台長を勤めたカッシーニが発見した約350年前からずっと存在し続けています。この巨大渦がどのように維持されているのかは大きな謎です。かつては地球が横に三つ並ぶほどの規模でしたが近年縮小してきています。

（7/1 ～ 7/2中串孝志）

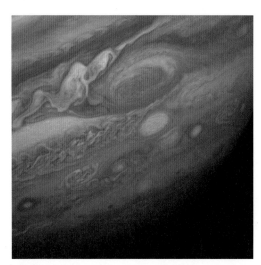

木星の大赤斑。ボイジャー1号撮影©NASA

●イオ

最も木星に近いガリレオ
衛星です。近いため木星の
強力な重力の影響で常に変
形させられ、内部活動が活
発です。現在も噴火する火
山が確認された数少ない天
体の一つです。表面は硫黄

木星の衛星イオの噴火する火山。探査機ガリレオ
撮影©NASA

などの火山噴出物で覆われています。火山地形の中には天照大神にちなん
^{あまてらすおおかみ}
だアマテラス・パテラという地名も。活発な火山活動による薄い大気は木
星の強力な磁場と相互作用しています。木星のオーロラ中に見られる一部
の輝点は相互作用の産物です。

(7/3中串孝志)

●エウロパ

ガリレオ衛星の内側から2番目の衛星です。滑らかで明るい表面に筋状
の模様が特徴的です。氷の地殻の下には深い液体の水の海（内部海）があ

木星の衛星エウロパ。探査機ガリレオ撮影
©NASA

ると考えられており、その
ため地球外生命体の存在に
も期待が膨らみます。この
海を維持する熱源はイオと
同じく木星の強烈な重力の
影響といわれ、その影響で
地殻が割れた跡が筋状の模
様であり、そこから水が噴
出している「割れ目噴火」
が複数の観測から示唆され
ています。　（7/4中串孝志）

●ガニメデ

　ガリレオ衛星の3番目です。衛星としては太陽系内最大で、月はもちろん惑星である水星よりも大きいのです。表面は明るく新しい部分と暗く古い部分に分かれています。エウロパ同様、地殻の下には深い内部海が広がっていると考えられています。2022年打ち上げ予定の欧州宇宙機関の木星探査計画JUICE（ジュース）では、探査機は最終的にガニメデの周回軌道に投入され詳細な観測がなされる予定です。　　（7/5中串孝志）

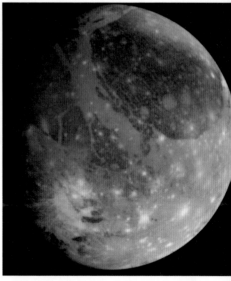

木星の衛星ガニメデ。探査機ガリレオ撮影
©NASA/JPL

●カリスト

　ガリレオ衛星の4番目です。衛星としてはガニメデ、土星の衛星タイタンに次ぐ大きさです。エウロパやガニメデと同様に内部海があると考えられています。表面は地質活動の痕跡もなくクレーターで覆われています。2003年にはNASAが基地建設を検討したこともあるこのカリストの名は、大神ゼウスによって子とともに母熊として天に上げられた女の精霊から取られています。その親子がおおぐま座とこぐま座です（179頁）。
　　（7/6中串孝志）

木星の衛星カリスト。探査機ガリレオ撮影
©NASA/JPL/DLR

土星──美しき氷のリング

土星は美しい環（リング）で有名です。木星と同じく水素とヘリウムからなる巨大ガス惑星です。木星に次ぐ65個の衛星が現在のところ見つかっています。本体は地球の約9倍の半径を持つにも関わらず約10時間で1回転するため遠心力で扁平になっています。北極には渦を取り巻く六角形の模様が、南極にも巨大な渦があります。2004年に周回軌道に投入された探査機カッシーニは、13年間にわたり土星や環、衛星を詳しく観測し、2017年9月15日に土星大気に突入しました。

　土星の環は20倍程度の倍率があれば小望遠鏡でも見えます。外側からAリング、Bリングと名付けられており、AとBのすき間は発見者にちなみカッシーニの間隙と呼ばれます。現在ではBの内側にC、D、またAの外側には順にF、G、Eリングが見つかっています。環の正体は数mm～数mの氷の粒です。厚さは10mから1kmと非常に薄く、約15年ごとに訪れる真横から見る時期になると環が消えたように見えます。

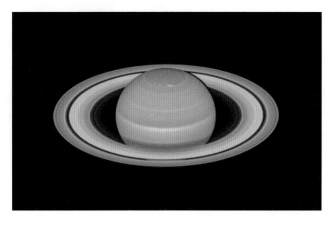

2018年6月にハッブル望遠鏡が撮影した土星©NASA

木星、天王星、海王星にも環がありますが、土星ほど立派ではありません。土星の環は衛星たちの多彩な働きによって成り立っています。Aリングのすぐ外の細いFリングは、環を挟んで公転する小さな衛星の重力によって維持されています。ずっと外側のEリングは衛星エンケラドスの「間欠泉」がまき散らす氷微粒子が起源と考えられています。その他の衛星も重力の作用などで環を形成・維持しています。

　いつどのように土星の環ができたのかは詳しくは明らかになっていませんが、土星の衛星や捕獲した彗星などが土星に近づきすぎて、重力の作用で粉々になったものと考えられています。環の粒子は土星本体に少しずつ雨のように降り注いでおり、最近の研究ではあと1億年未満で全て無くなってしまうとの見積りもあります。太陽系の歴史ではあっという間です。立派な環がたまたま見られる私たちはラッキーといえそうです。

（8/1 ～ 8/4中串孝志）

●タイタン

　1655年ホイヘンスが発見しました。近年は探査機カッシーニや分離された着陸機ホイヘンスが詳しく観測しました。タイタンは太陽系の衛星では木星の衛星ガニメデに次いで大きく、大気らしい大気を持つ唯一の衛星として知られています。タイタンの大気は約1.5気圧、マイナス180度で水が液体になれない環境ですが、タイタンではメタンが地球でいう水の役割を果たしており、メタンの雲からメタンの雨が降り、メタンの川や湖もあります。さらに地下海も存在すると考えられています。　　　（8/5中串孝志）

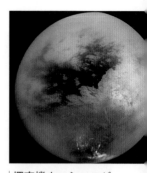

探査機カッシーニが
2005年に撮影した
土星の衛星タイタン
©NASA

土星の衛星タイタンにあるメタンでできた湖（2007年、探査機カッシーニ撮影）©NASA

土星の衛星エンケラドス。探査機カッシーニが撮影©NASA/JPL/Space Science Institute

●エンケラドス

　天王星の発見で有名なハーシェルが1789年に見つけました。氷に覆われた比較的明るい衛星です。土星の重力の影響で南極域の地下に海ができていると考えられており、この付近の割れ目から間欠泉のように宇宙へ氷粒子などを噴出しているのを探査機カッシーニが観測しました。この氷粒子がEリングを作っているといわれています。さらにこの地下海が、生命が存在する場所の候補になっています。　　　　　（8/6中串孝志）

天王星と海王星

天王星と海王星は、大きさや重さがほとんど同じで、その内部も似た ような構造を持っている惑星だと考えられています。探査機などに よる観測データをもとに、両惑星はいずれも構成物質の 6 割から 7 割が氷 （水・アンモニア・メタンなどからなる）で、岩石は 2 割強ほど、水素・ヘリウ ムが残りの 1 割程度を占めていると推定されています。このように天王星 と海王星は主成分が氷であるため、「巨大氷惑星」と呼ばれます。

（10/1佐々木貴教）

| 海王星。1989年探査機ボイジャー 2 号撮影©NASA

天王星——不思議な「横倒し」の惑星

天王星の最もユニークな特徴は、自転軸が公転軸から98度も傾いており、ほとんど「横倒し」になって太陽の周りを回っていることです。これは、例えば北極が太陽の方を向いているときには、北極は一日中昼で、南極は一日中夜ということになります。天王星の公転周期は約84年なので、21年間ずっと日が沈まない夏と、21年間ずっと日が昇らない冬が存在する、極めて激しい季節変化を持つ惑星であるといえるでしょう。

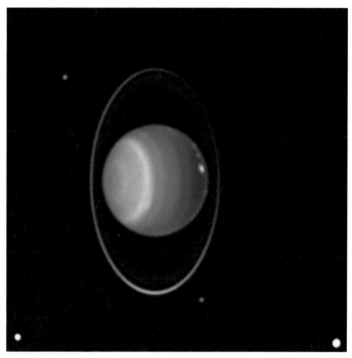

| 天王星。1998年ハッブル宇宙望遠鏡撮影©NASA

天王星の周りには27個の衛星と13本の薄い環（リング）が見つかっています。この中でとりわけサイズの大きな5個の衛星を、天王星の「5大衛星」と呼びます。この5大衛星を含む天王星本体に近い衛星たちと環は、いずれも天王星の赤道面に沿った軌道で天王星の周りを回っています。つまり天王星系は、主な衛星や環も含めて全体として公転面に対して「横倒し」になっているシステムであることがわかります。

　天王星系の「横倒し」の原因は、天王星に大きな天体が衝突した際に自転軸が倒れたせいだと考えられています。一方で同じく横倒しの軌道を回る衛星たちについては、天王星と同時にその周囲で作られたという説や、重いリングを材料にして作られたという説、あるいは天体衝突の際に飛び散った破片を材料にして作られた説など、さまざまな説が提案されていますが、いまだ決定打は無く議論が続けられているところです。

（10/2 ～ 10/4佐々木貴教）

海王星
──ニュートン力学が導き出した「未知の惑星」

海王星は、太陽系の惑星の中で唯一、数学的な計算によって位置が予測されて発見された惑星です。ニュートンの「万有引力の法則」に従って計算を行うと、天王星の外側に未知の惑星があることが予言されました。この計算で示された位置を観測したところ、実際に海王星が存在していることがわかったのです。夜空を見るだけでなく天体力学の計算も活用して惑星を発見したので、「天体力学の勝利」といわれることがあります。

海王星の周りには14個の衛星が見つかっていますが、全衛星の重さの99.5％を占める巨大衛星がトリトンです。トリトンは、太陽系の大型衛星の中で唯一の「逆行衛星」であり、海王星の自転の向きとは逆の方向に回っているのが特徴です。地球の月のように、惑星の周りで形成された衛星は逆行衛星にはならないため、トリトンは他の領域で形成された後に、海王星によって逆向きの軌道で捕獲された天体だと考えられています。

海王星よりも外側の軌道を回る「カイパーベルト天体」の中には、円軌道ではなく大きくゆがんだ軌道を持つものや、あるいは海王星と特別の位置関係にある軌道を持つものがたくさん存在しています。これら

海王星の衛星トリトン。探査機ボイジャー 2号が撮影©NASA/JPL/USGS

は、最初は今より内側に存在していた海王星が、何らかの理由で外側の軌道に移動し、その際に大きな重力によってカイパーベルト天体を「散乱」させたり、あるいは「掃き集め」たりしたことが原因だと考えられています。

（10/5 〜 10/7佐々木貴教）

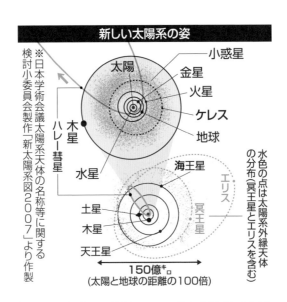

新しい太陽系の姿

※日本学術会議太陽系天体の名称等に関する検討小委員会製作「新太陽系図2007」より作製

太陽
小惑星
金星
火星
ケレス
地球

木星
ハレー彗星
水星

土星
木星
天王星

海王星
エリス
冥王星

水色の点は太陽系外縁天体の分布（冥王星とエリスを含む）

150億㌔
（太陽と地球の距離の100倍）

海王星の軌道より外側にある天体を太陽系外縁天体といいます。そのうち太陽から約45億〜75億kmの距離にある天体をカイパーベルト天体といい、冥王星、エリスなどがあります

ペルセウス座流星群

ペルセウス座流星群は毎年 8 月13日ごろにピークを迎えます。この流星群は深夜 0 時すぎから夜明けにかけて見頃を迎え、天気さえよければ 1 時間に20個以上の流れ星が出現すると期待されます。月が明るい夜は暗い流星が見えにくいので、月が直接視界に入らない方角をご覧になればたくさんの流星を見つけることができるでしょう。

　流星とは、宇宙空間を漂う砂粒や塵（ちり）が地球に飛び込み、大気が高温となって光り輝く現象です。こうした流星のうち、毎年同じ時期に多数出現するものを流星群と呼びます。ペルセウス座流星群も有名な流星群のひとつです。こうした流星群のもととなる砂粒や塵は、もともとは同一の彗星（すいせい）から放出され、帯状に太陽系を公転し同じようなタイミングで地球に飛び込んできていると考えられています。

（8/12・8/14有松亘）

彗星の正体

流 星群の起源である彗星（すいせい）は、太陽系の天体の中でも最も破天荒で、謎に満ちた天体といえます。彗星は他の惑星を横切りながら太陽系を飛びまわり、時折太陽に近づくと表面からガスを噴き上げます。流星群のもととなる砂粒や塵（ちり）も、このときガスとともに噴き上げられると考えられています。彗星から噴き上げられたガスや塵は光り輝く尾を形づくり、美しい姿をたなびかせながら観測されることもあります。

さまざまな姿を見せる彗星（すいせい）の正体は、水や二酸化炭素の氷と、砂粒や塵でできた半径1kmから10km程度の小さな冷たい天体です。「汚れた雪玉」とも呼ばれる彗星は、太陽に近づくと太陽の熱で表面の氷が激しく蒸発し、ガスや塵を噴き上げるのです。ガスや塵は太陽からの光による圧力と太陽風でたなびき、尾となります。近年ではヨーロッパ宇宙機関の探査機ロゼッタが彗星に近づき、表面からガスが蒸発する様子を直接観測することに成功しています。

（8/15 ～ 8/16有松亘）

京大飛騨天文台で撮影されたヘール・ボップ彗星（1997年）

彗星のふるさと、太陽系外縁天体

彗星はどこからやってくるのでしょう。彗星が氷でできた天体ということからもわかる通り、そのふるさとは太陽から離れた冷たい世界にあります。およそ70年前にオランダやアメリカの天文学者が、彗星の起源は海王星より遠くにある天体だと提唱しました。こうした太陽系の果てにある天体は「太陽系外縁天体」と呼ばれています。かつて惑星のひとつと分類されていた冥王星も、現在では太陽系外縁天体に区分されています。

彗星のふるさとだと考えられている太陽系の果てでは、冥王星のほかにも、これまで3000個以上の太陽系外縁天体が発見されています。しかし彗星のような小さな天体の発見例はありませんでした。2019年1月、京都大学の研究者を中心とする研究グループが、彗星とほぼ同じサイズである半径およそ1kmの太陽系外縁天体の観測に史上初めて成功しました。いま、彗星のふるさとがようやく解明されつつあります。

（8/17 ～ 8/18有松亘）

彗星と花山天文台

彗星発見は日本のアマチュア天文家のお家芸です。日本人の名前がついた彗星は、本田彗星、池谷・関彗星、百武彗星など、枚挙にいとまがありません。日本がこのような彗星王国になったのは花山天文台初代台長山本一清によるアマチュア天文家育成の結果です。花山天文台助手となった中村要もアマチュア時代に山本の指導を受けました。中村は1930年11月に花山天文台で彗星を発見、2年後に中村彗星と名付けられました。

（8/19柴田一成）

| 本田彗星 （1948年、花山天文台、三谷哲康氏撮影）

海王星より遠い、太陽系外縁部の謎

19 40年代、彗星(すいせい)の起源として海王星より遠方の太陽系外縁部に半径1〜10km程度の小天体群の存在が予言されました。1992年には太陽からおよそ60億km離れた、カイパーベルトと呼ばれる太陽系外縁部の領域に天体が発見されました。大望遠鏡を用いた捜索によって3000個以上のカイパーベルト天体が発見されています。2015年および2019年に惑星探査機ニュー・ホライズンズがカイパーベルト天体の直接探査に成功しました。

　大望遠鏡によるカイパーベルト天体の発見やニュー・ホライズンズによる直接探査により、われわれはついに太陽系の果てに手が届いたと錯覚させるほど太陽系外縁部に関する知見は豊かになりました。しかし、これまで発見された天体はいずれも大型の天体のみで、半径10km未満のサイズを持った天体の発見例はありませんでした。太陽系外縁部はあまりに遠方で、大望遠鏡を用いても小さな天体は直接観測できなかったのです。

（3/7 〜 3/8有松亘）

小望遠鏡の大発見──オアシズ計画

大望遠鏡を用いても観測できない太陽系外縁部の小天体を、沖縄・宮古島に設置した口径わずか28cmの望遠鏡で観測することを目指したのが、京大附属天文台の研究員が中心となって実行したオアシズ（OASES）計画です。この計画では望遠鏡にビデオカメラを接続し、星空を動画観測することで、天球上を移動する太陽系外縁部の小天体が背景の恒星を一瞬だけ隠す瞬間を捉え、その存在を発見しようと考えたのです。

2016年から2017年にかけて沖縄・宮古島にて実施したオアシズ計画の動画観測によって、太陽系外縁部の一領域、カイパーベルトに存在する半径１kmの天体が恒星の手前を通過し、およそ0.2秒間だけ恒星を隠した瞬間を捉えることに成功しました。このようなサイズの小天体はカイパーベルトに数十億個以上存在すると推定されますが、実際にその存在を突き止めることができたのは世界で初めてになります。

オアシズ計画の最終的なターゲットは、カイパーベルトよりさらに外側の太陽系の最果て、太陽から1000億kmから10兆kmかなたに存在すると推定されている、オールトの雲と呼ばれる領域の天体です。オールトの雲は極めて遠方に位置しているため、これまで天体の存在が確認されたことはありません。京都発の小望遠鏡を用いた観測プロジェクトが、誰も見たことのない太陽系の広がりを明らかにする瞬間が近づいています。

（3/9 〜 3/11有松亘）

2016～17年に宮古島で小望遠鏡により発見された半径1kmのカイパーベルト天体の想像図。画面右上奥に太陽が淡く輝いている（有松亘提供）

5 大震災を詠む

　2011年3月11日、東日本大震災で広い範囲が停電し、人々は星空を見上げました。人々の証言を集めた人が、あの日の夜空をプラネタリウムで再現して、多くの人々に感銘を与えました。この時は一部停電でしたが、北海道胆振東部地震では北海道全域が停電しました。この時も本当に星がきれいだったと聞きます。大震災を詠めと言われて生まれた句は、〈三陸の若布待ちをり春隣　尾池和夫〉でした。

（4/29尾池和夫）

第6章

季節の星座

京都で見える1等星

		太陽と比べた大きさ	地球からの距離
春	レグルス（しし座）	3.7倍	79光年
	スピカ（おとめ座）	7.5倍	250光年
	アルクトゥールス（うしかい座）	26倍	37光年
夏	アンタレス（さそり座）	※700倍	554：光年
	ベガ（こと座）	2.6倍	25光年
	アルタイル（わし座）	1.9倍	17光年
	デネブ（はくちょう座）	203倍	1412：光年
秋	フォーマルハウト（みなみのうお座）	1.8倍	25光年
冬	アルデバラン（おうし座）	44倍	※65光年
	リゲル（オリオン座）	※80倍	※900光年
	ベテルギウス（オリオン座）	※900~1000倍	※700光年
	カペラ（ぎょしゃ座）	12倍と9倍	※43光年
	シリウス（おおいぬ座）	1.7倍	※9光年
	プロキオン（こいぬ座）	2.1倍	※11.5光年
	ポルックス（ふたご座）	※10倍	34光年
	カノープス（りゅうこつ座）	71倍	309光年

連星の場合は主星のみ記す（カペラをのぞく）。出典は理科年表2020年版（丸善出版）を中心に最新の論文を引用した。なお、※は本文中の値であり、また：印は不確実な値である

本章の星図は、ステラナビゲータ（株式会社アストロアーツ）より作成

4月の星空 | 天頂付近に輝くしし座

4月の星空（15日午後9時、京都市内南の空）

オリオン座やおおいぬ座など冬の星座が西に傾き、その上にふたご座の2等星カストルと1等星ポルックスが並んでいます。天頂付近にはしし座の1等星レグルスと2等星デネボラ、アルギエバが輝いています。デネボラは東の空の二つの1等星、うしかい座アルクトゥールス、おとめ座スピカとともに「春の大三角」を形成します。

1 北極星

北極星はこぐま座にありポラリスとも呼ばれます。明るさは2等星の変光星で距離はおよそ400光年です。質量は太陽の5倍、半径は40倍で、巨星に分類されます。実は3重連星で残りの二つは太陽とよく似た星です。一つは1780年に英国のハーシェルによって発見され、もう一つは1929年に光の分析から主星のすぐ近くに発見されました。2006年にハッブル宇宙望遠鏡によって三つの星が直接撮影されました。 （4/11 杉野文昴）

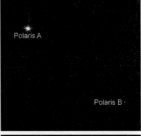

Polaris A

Polaris B

Polaris A

Polaris Ab

ハッブル宇宙望遠鏡が撮影した北極星（ポラリス）。3重連星で、⌜右上⌟は主星（A）と伴星1（B）。距離は3600億km。⌜右下⌟は拡大図で、主星のそばに伴星2（Ab）が見える。距離は25億km
©NASA

② うしかい座

　北斗七星の柄の弓形を東へ延ばした曲線を春の大曲線といいます。延ばした先にある1等星がアルクトゥールスです。うしかい座はこの星を含めた六つの明るい星がネクタイの形をしています。これは巨人アトラスの姿を表しています。アトラスは戦いに敗れた罰として永遠に天をかつぐように命じられました。大西洋（アトランティック・オーシャン）はアトラスの眺めた海にちなんで呼ばれるようになりました。　　　　　　　（4/9 杉野文昴）

③ アルクトゥールス

　うしかい座にあるだいだい色の1等星です。質量は太陽とさほど変わりませんが、半径は太陽の20倍以上ある巨星です。麦の収穫期の5月から6月くらいに見やすい星であることから、麦星の和名があります。すべての星は夜空の中でバラバラの方向に少しずつその位置を変えますが、アルクトゥールスは速く動く星として知られていて、およそ800年で満月の見かけの大きさ（0.5度）ほど位置を変えます。未来の人類はどんな形のうしかい座を見るのでしょうね？　　　　　　　　　　　　　　（4/10 野上大作）

④子持ち銀河

　りょうけん座の方向、約2400万光年の距離にある渦巻銀河M51は、約1000億もの星の大集団です。星が円盤状に存在していて、これを正面から見ています。2本の渦巻模様がとてもきれいに見えます。1本の渦巻きの先に小さな銀河があってつながって見えます。この銀河を子に見立てて子持ち銀河と呼ばれています。

（5/21太田耕司）

りょうけん座子持ち銀河M51（美星天文台）

⑤しし座

　誕生日の星座でもあるしし座は春の代表的な星座です。冬の星座ふたご座が西の空に傾くころ、少しゆがんだ台形が天頂近くに見えます。そのあたりがしし座です。1等星のレグルスは獅子の心臓部分の星です。獅子のたてがみの所には、明るい星2等星のアルギエバがあります。しっぽには春の大三角の一つ、2等星デネボラがあります。望遠鏡を使って獅子の大腿部を探すと三つ子銀河が見つかります。この銀河群はM65など三つの渦巻銀河からできています。

（5/25 杉野文昴）

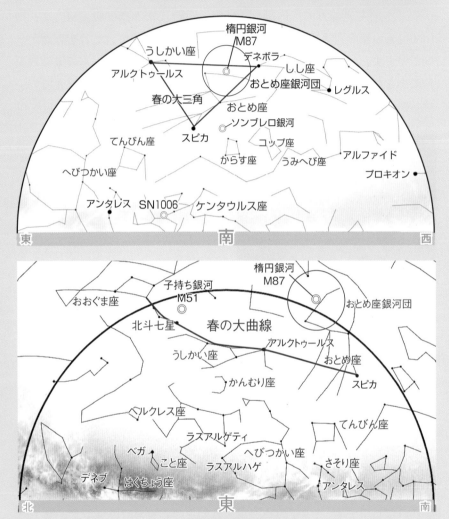

5月の星空（15日午後9時、京都市内南の空と東の空）

春の星座の探し方はまず、午後9時ごろ東を向いて北寄りに見える北斗七星を見つけてください。北斗七星が見つかれば、そのひしゃくの柄をそのまま東の方に延ばしていくと、うしかい座の1等星のアルクトゥールスにたどり着きます。さらに延ばすと青白いきれいな星がおとめ座のスピカです。北斗七星のひしゃくの柄からスピカまで延ばした線を春の大曲線といいます。この大きなカーブを目印にして春の星座を探していきます。

１北斗七星

　小学校で最初に習う星のならびは北斗七星ですね。子どもの時は探したことがあるけれど大人になってから見たことがないという方は、ぜひ北の空にひしゃくの形を見つけて下さい。北斗七星は、京都の街中でも、親子で探せる数少ない星のならびです。ひしゃくの柄の端から二つ目の星はミザールとアルコルという2重星です。目の良い人は両方の星が見えます。昔、アラビアでは兵士の視力検査に利用されました。あなたは二つ見えますか？

（5/19 杉野文昂）

２おおぐま座

　北斗七星を含んでいる、おおぐま座をよく見るとしっぽが本物のクマより長いことに気づきます。これは大神ゼウスが大熊を天に上げるとき、しっぽの先を持ってぶんぶん振り回しエィッと投げたために、長くなったと言われています。ギリシャ神話では大熊は女神アルテミスに仕えた妖精が変身したカリストの姿。おおぐま座の隣にあるこぐま座はその息子アルカスの姿です。

（5/20 杉野文昂）

3 おとめ座スピカ

　春の1等星の中でひときわ青白く美しく輝いている星がおとめ座スピカです。スピカは星座では乙女が持つ麦の穂先を表す星です。スピカという名前自体もギリシア語の麦の穂先が起源だと言われています。スピカは太陽が天球を通る経路（黄道）のそばにあるので、月や惑星に隠されることが多いのです。

　スピカは地球から約250光年の距離にあり、実は1等星の主星、4等星の伴星が回りあう連星です。この二つの恒星が4日という短い周期で公転しあっているのでお互いの引力の影響で両方がたまごのような形になっています。その上さらに3個の伴星があるとも考えられています。スピカはその青白い光の中に、何か秘密をいっぱい持った星のようです。

（5/22杉野文昴）

4 おとめ座銀河団

　おとめ座の方向、距離約6000万光年のところには、比較的暗い銀河まで含めると約2000もの銀河がひしめきあっている領域があります。このような銀河の集団を銀河団といい、これは地球に最も近い銀河団です。宇宙にはもっと多くの銀河がひしめきあう銀河団もあります。いわば宇宙の中の大都市です。

（5/23 太田耕司）

おとめ座銀河団©NASA

❺おとめ座銀河団の中心

　おとめ座銀河団の中心部には巨大な楕円銀河M87があります。渦巻模様は見られずのっぺらぼうのような姿を示しています。この銀河の中心には超巨大ブラックホールがあり、日本などの国際チームが2019年4月、輪郭の撮影に初めて成功しました（画像は107頁）。そこからガスが噴出しています。写真で中心から右やや上にのびる光の点列が噴出物でジェットと言います。

（5/24太田耕司）

楕円銀河M87©NASA

6 ソンブレロ銀河M104

　おとめ座とからす座の境界付近にある、距離約4600万光年の銀河です。見た目が、メキシコの帽子ソンブレロに似ているということで、このような愛称がついています。銀河を横切る一文字状の黒い筋模様は、星がない領域ではなく、銀河内に塵（ダスト）が環状に分布していて、それより向こうにある星の光を吸収しているため、黒く見えています。

（3/2 太田耕司）

ソンブレロ銀河M104©NASA/ESA and The Hubble Heritage Team

球状星団M13
ベガ
うしかい座
かみのけ座
ヘルクレス座
アルクトゥールス
デネボラ
ラスアルゲティ
しし座
ラスアルハゲ
おとめ座
スピカ
レグルス
へびつかい座
てんびん座
からす座
アンタレス
さそり座
ケンタウルス座
うみへび座
天の川
東　　　　　南　　　　　西

6月の星空（15日午後9時、京都市内南の空）

　春の星座と夏の星座が交じっています。おとめ座、しし座、かみのけ座、からす座は春の星座。ヘルクレス座、へびつかい座、てんびん座は夏の星座です。南の空にはさそり座も上がってきます。ギリシャ神話では英雄オリオンを殺したとされ、夏の星座のさそり座が東の空に現れると冬の星座のオリオン座は西の空に逃げ隠れると言われています。

■1 てんびん座

　さそり座の頭の前あたり3個の3等星が「く」の字を裏返した形に並んでいるあたりがてんびん座です。星占いに出てくる黄道12星座の一つです。ギリシャ神話では正義の女神アストライアがたずさえていた善悪を裁くためのてんびんと言われています。裏返しの「く」の字の折れ曲がったところにあるのがアルファ星ですが、望遠鏡で見ると二つの星がくっついた二重星であるのに気づきます。

（6/1 杉野文昂）

②ヘルクレス座

　夜9時ごろ、東の空で明るく輝くこと座のベガ（織姫星）の西側を探すとヘルクレス座が見つかります。六つの星からなるアルファベットの「H」の形を探しましょう。街明かりがないところでは見つかるかもしれません。ギリシャ神話では勇者ヘラクレスですが星座名はヘルクレスといいます。明るい星がないため寂しい感じがします。またヘルクレス座には北半球で最も明るい球状星団といわれるM13があります。　　（6/2 杉野文昴）

③へびつかい座

　ヘルクレス座の南側（下側）を探すと、ヘルクレス座の頭の2等星ラスアルゲティとぶつかるようにしてへびつかい座の頭の3等星ラスアルハゲが見つかります。将棋の駒のような星の並びがへびつかい座です。この星座は黄道上にありますが黄道12星座には含まれていません。ギリシャ神話ではギリシャ第一の医者アスクレピオスがヘビをつかんでいる姿です。彼の医術は優れており、死者まで生き返らせるほどでした。　　（6/3 杉野文昴）

④球状星団M13

　ヘルクレス座の方向、約2万5千光年の距離にある星団で、100光年程度の広がりの中に数十万個もの星が球状にひしめきあっています。このような星団を球状星団といいます。球状星団を構成する星は100億歳近い高齢で、しかも星団内の星は皆ほぼ同じ時期に誕生したと考えられています。このような星団の誕生の原因はいまだに謎のままです。　　（6/4 太田耕司）

ヘルクレス座球状星団M13
©AdamBlock

5 からす座

　春の大曲線を北斗七星からアルクトゥールス、スピカとたどると、その先にからす座が見つかります。ひし形のたこ（凧）の形をしており、街中でも意外と簡単に探せます。昔々カラスは銀色の羽をもち人間の言葉を上手に話す賢い鳥でした。あるときカラスは神様にうそをついてしまいます。それに怒った神様はあれほどきれいだった銀色の羽を真っ黒に変え、上手に話していた人間の言葉はカアカアとしか言えないようにしました。

（6/5 杉野文昂）

6 かみのけ座

　びっくりするような名前を持つ星座です。実際の星座の形は髪の毛というより細かい星がぼーっとたくさん集まっている星団のように見えます。しし座の背中の上、後ろ側を探すとぼんやりとした星々の集まりを見つけることができます。この髪の毛は古代エジプト、プトレマイオス三世の王妃ベレニケのだと言われています。出征する王の無事を祈った王妃の心の美しさと髪の美しさを神がたたえて星座にしました。

（6/6 杉野文昂）

7月の星空 七夕伝説と天の川

7月の星空（15日午後9時、京都市内南の空）

　梅雨の季節と重なるので星を探しにくい時期ですが、晴れた日には夏の星座の星たちが輝きます。七夕の星として有名な織姫はこと座のベガ、彦星はわし座のアルタイル。どちらも1等星ですので街中でも探せます。はくちょう座のデネブを結ぶと1等星ばかりの「夏の大三角」を作ります。デネブはベガやアルタイルの100倍ある超巨星ですが、距離も100倍ぐらい遠い約1400光年です。

■１織姫、彦星

　7月7日は七夕です。昔々天の川のそばに織姫という機織りの上手な天の神の娘がいました。織姫は彦星という牛飼いと結ばれました。2人はとても働き者でしたが、結婚後、仕事をさぼって2人で遊んでばかりいました。それを怒った天の神は2人が会えないように天の川の両岸に離しました。2人は悲しみのため元気をなくしましたが、それを見た天の神は1年に1度7月7日の夜にだけ2人が会うことを許しました。

（7/7 杉野文昂）

❷天の川

　街に住む人のほとんどは天の川を見たことがないと答えます。西洋では
ミルキーウェイ（乳の道）、中国では銀河など呼ばれ方はさまざまですが、
古来多くの人々に親しまれてきました。望遠鏡がなかった時代、天の川は
文字通り天を流れる川に見えました。ガリレオは自作の望遠鏡で観測し、
天の川が星の集まりである事を発見しました。今では天の川銀河または銀
河系と言われ、約2千億個の星の集まりと言われています。

（7/10 杉野文昂）

❸星の明るさ

　織姫星はこと座のベガ、彦星はわし座のアルタイルです。どちらも1等
星ですから街中でも見つけやすいです。ベガは星の明かりの基準を決める
基準星です。機械で観測できなかったギリシャ時代、星の明るさは、街明
かりのない空で一番明るい星を1等星、肉眼で探せる一番暗い星を6等星
と決め、その間5段階で星の明るさを決めました。1等星は6等星のちょ
うど100倍の明るさで、1等級の違いは約2.5倍になります。

（7/8 杉野文昂）

❹こと座リング星雲M57

　こと座を形作る平行四辺形の、ベガから遠いほうの対辺の真ん中あたり
を性能の良い望遠鏡で探すと、淡いリング状の雲を見つけることができま
す。これがリング星雲M57です。星雲の明るさは9等級とやや暗い星雲で
すがカメラで撮ると赤色と青色でできたきれいなリングを写すことができ
ます。このような星雲は惑星状星雲と言われ、太陽直径の100倍くらいの
赤色巨星が放出したガスの塊です。中心には白色矮星が残っています。

（7/14 杉野文昂）

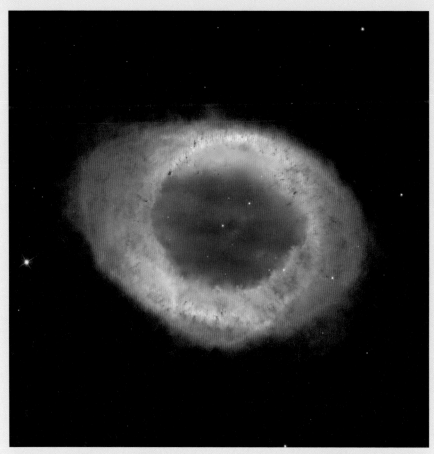

こと座リング星雲M57。惑星状星雲の一つ。ハッブル宇宙望遠鏡撮影©NASA

「夏の大三角」を探そう

8月の星空（15日午後9時、京都市内南の空）

前半は天気も安定し星の観測に絶好の時期です。ベガ、アルタイル、デネブでつくる「夏の大三角」が高く昇り、天の川も天頂付近を通り探しやすくなります。天の川は私たちの住む銀河系で、その中心はさそり座の東、いて座の方向約2万6000光年のかなたにあります。ペルセウス座流星群が13日ごろピークを迎えます。深夜から夜明けにかけ、北の空高く上がるペルセウス座を中心に流れ星が放射状に流れます。

■1 夏の大三角

この時期の夜9時頃南の空高くにある夏の大三角を見つけましょう。まずは天頂付近で一番明るい星ベガを見つけます。ベガの南（下）側に次に明るい星がアルタイル、東（左）側に3番目に明るい星がデネブです。これら三つを結ぶと大きな三角形ができます。これが夏の大三角です。夏の大三角は夏の星座を探す目印となりますのでぜひ覚えましょう。

(7/9 杉野文昂)

②デネブ

　はくちょう座の１等星で、こと座のベガ、わし座のアルタイルとともに夏の大三角形を形作ります。この三つの星はどれも温度が8000度〜１万度で白く見えます。しかし、デネブはベガやアルタイルに比べて、半径が100倍くらい大きな超巨星です。本当はベガやアルタイルの１万倍くらい明るいのですが、距離が100倍くらい遠い（約1400光年）ため、これら三つの星は同じような明るさで見えています。

(8/23 野上大作)

③さそり座

　夏の星座の代表はさそり座です。宮沢賢治の童話「銀河鉄道の夜」では１等星のアンタレスが「赤い目玉のサソリ」と紹介されています。日本では夏の大三角が天頂に輝くころ、南の空低く見つけることができ、その低さのため街中では尻尾の先まで探すのは難しいかもしれません。ギリシャ神話ではオリオンを毒針で刺したサソリとして登場します。

④アンタレス

　さそり座の１等星で、その位置と赤い色からさそり座の心臓に例えられることがあります。超巨星で半径が変化するタイプの変光星でもあります。このため、半径を正確に測るのは難しいのですが、だいたい太陽の700倍くらいとされています。オリオン座のベテルギウスと並び、近いうちに超新星爆発を起こすと考えられています。この「近いうちに」というのが明日なのか、10万年後なのか、それは誰にもわかりません。

(8/24 野上大作)

5 いて座

　さそり座の東側にあるのがいて座です。街明かりのないところでは天の
川がいて座のあたりから天頂にかけて濃く輝きます。いて座は天の川の一
番濃い部分にあたり、私たちの住む銀河系の中心になります。いて座の中
にある明るい星をたどるとひしゃくの形をしている六つの星が見つかりま
す。北の空の北斗七星に対して、南の空の六つの星という意味で「南斗六
星」といいます。また、この部分は西洋で「ティーポット」と呼ばれるか
たちの一部に対応しています。南斗六星は街の中でも探せる明るさですの
で、ぜひ探して見てください。

9月の星空

秋の四辺形からアンドロメダ銀河を探そう

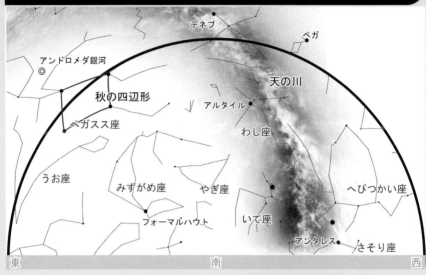

9月の星空（15日午後9時、京都市内南の空）

観察できる星座の中心は秋の星座になります。秋の星座は暗い星が多くただ一つの明るい星フォーマルハウトを除き、すべてが2等星以下と暗いです。その中でも星座を探す目印になるのは東の空に見える秋の四辺形です。その一番左の2等星とカシオペヤ座の一番下の星との中間にアンドロメダ銀河があります。約230万光年離れたお隣の銀河で、双眼鏡でも見ることができます

東の空の星図

192

1 ペガスス座

　ペガスス座の三つの星とアンドロメダ座の一つの星でつくる四角形は秋の四辺形またはペガススの四辺形ともいい、秋の星座を探す目印になります。秋の四辺形は夏の大三角や冬の大三角と違い1等星が一つもなく、街の中ではよく探さないと見つかりません。ギリシャ神話では、ペガススは天をかける羽の生えた馬です。勇者ペルセウスがペガススに乗って化けくじらを退治し、アンドロメダ姫を助ける話は有名です。

（9/1 杉野文昴）

2 アンドロメダ座とアンドロメダ銀河

　ペガスス座とカシオペヤ座の間にあるのがアンドロメダ座です。2等星3個などが列を作っています。アンドロメダは古代エチオピアのお姫様でケフェウス王とカシオペヤ王妃の娘です。ペガススの四辺形の一番左の2等星とカシオペヤ座の一番下の星との真ん中あたりにアンドロメダ銀河があります。街明かりのないところでは肉眼でもぼーっとした楕円の形を見つけることができます。空がそこそこ暗ければ、双眼鏡で比較的容易に見ることができます。その大きさは銀河系の2〜3倍くらいです。この規模の銀河としては、銀河系に最も近く、近いといっても、約230万光年離れています。銀河系に近づいていて、40〜50億年後には衝突して合体するかもしれません。合体した銀河の名前は早くもミルコメダ（ミルキーウエイ＝銀河系＝とアンドロメダの合成）と名づけている人がいます

（9/2杉野文昴、9/3太田耕司）

アンドロメダ銀河。すばる望遠鏡に搭載された世界最強のデジタルカメラ超広視野主焦点カメラ（HSC）で撮影（国立天文台提供）

3 カシオペヤ座

　北東の空には「W」の字の形をしたカシオペヤ座が見えます。特徴のある形で街の中でも簡単に探すことができます。北斗七星ばかりでなくこの星座からも北極星を探すことができます。王妃カシオペヤは娘のアンドロメダ姫の美しさを自慢するあまり、海の神ポセイドンの怒りを買い、姫は化けくじらの生贄（いけにえ）にされます。カシオペヤは自慢話のむくいで、北極星のまわりをまわって1日1回さかさまにされる運命になりました。

（9/4 杉野文昂）

4 ケフェウス座とセファイド変光星

　カシオペヤ座のすぐ隣にある五角形がケフェウス座です。五角形の頂点の一つデルタ星は、星が膨張・収縮を繰り返すことにより光度変化をするセファイド変光星の代表格で、およそ5日周期で1等級ほどの光度変化をします。セファイド変光星は、変光周期から真の明るさ（絶対光度）を求めることができ、銀河や星団の距離の測定にしばしば用いられます。見かけの光度は遠くにあるほど暗くなるので、絶対光度と見かけの光度を比較することで、変光星との距離が分かるのです。アメリカの女性天文学者リービットは小マゼラン雲の中のセファイド変光星を調べ、周期と光度に比例関係があることを見つけました。これをもとにして1923年ハッブルはアンドロメダ銀河の距離を初めて測定し、約90万光年と見積もり、銀河系の外にあることを発見しました。この距離の算定はその後最新の研究で改められ、現在では約230万光年と考えられています。

（9/5 杉野文昂、10/16 嶺重慎）

10月の星空

ただ一つの明るい星「フォーマルハウト」

10月の星空（15日午後9時、京都市内南の空）

　あまり明るい星がなく、少し寂しく感じます。南の空低いところに一つ、みなみのうお座の1等星フォーマルハウトだけが明るいです。フォーマルハウトの東側、やや暗い星がくじら座の2等星のデネブカイトスです。街中では夏と違い、まるで星がなくなったように感じてしまうほどです。くじら座には2等星から10等星まで明るさが変化する変光星ミラもあります。二つの星が3日周期で回るペルセウス座の変光星アルゴルも注目です。

1 フォーマルハウト

　秋の一つ星とも言われるフォーマルハウトは秋の星座の中でただ一つの1等星です。25光年と比較的近い距離にある恒星です。2008年この星には、太陽系外惑星フォーマルハウトbが発見されたと報告されました。この惑星は可視光による直接観測から見つかった史上初の太陽系外惑星として注目されました。全天21個の1等星の中では、ポルックス、ケンタウルス座アルファ星、アルデバランとともに惑星を持つとされる四つの恒星の一つです。

（10/13杉野文昂）

※2020年4月に「フォーマルハウトbは惑星ではなかった」という研究成果が発表されました。詳しくはアストロアーツのホームページ（https://www.astroarts.co.jp/article/hl/a/11213_fomalhaut_b）へ。

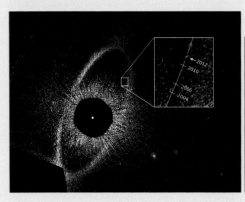

みなみのうお座の1等星フォーマルハウトのまわりにあるちり円盤と惑星。ちり円盤中に惑星が見え、四角で囲まれた拡大図に2004～12年の惑星の位置が示されている（13年ハッブル宇宙望遠鏡撮影©NASA）。フォーマルハウトはまぶしいため周囲を遮光円板で隠し、白い点で示す

2 ペルセウス座

　カシオペヤ座の下側に「人」という字のように星が並んでいるのがペルセウス座です。ペルセウスは領主より怪物メドゥーサの退治を命じられます。メドゥーサはその顔を見たものは恐ろしさのあまりたちまち石になってしまうという怪物です。見事メドゥーサを退治した帰り化けくじらの生贄（にえ）にされたアンドロメダ姫を助けます。ペルセウス座には二重星団があり、同時に生まれた若い星の二つの集団が隣り合っています。

（9/6杉野文昂）

❸悪魔の星アルゴル

　ペルセウス座のアルゴルも変光星です。アルゴルは太陽より3倍重い星と0.7倍の重さの星が約3日周期で回っている連星系です。くるくる回るごとに、それぞれ相手の星を隠すため明るさが変化します。恒星進化の理論によると、重い星の方が先に巨星になるのですが、アルゴルは軽い星の方が先に巨星になっています。膨らんだ重い星から軽い星にガスが流れ込んだ結果、重さが逆転したためと理解されています。　　　　　（10/17嶺重慎）

❹中秋の名月

　中秋の名月は満月だと思われていますが、そうとは限りません。例えば2020年の満月は10月2日でしたが、中秋の名月は前日の1日でした。かつては月齢14.0を含む日の月を満月としていました。しかし現在、月の満ち欠けの周期が29.5日で満月はその半分の月齢14.8となり、0.8日分遅れる時が多いからです。中秋の名月には月見団子をお供えしますが、もともとは里芋を供えており、芋名月ともいいます。江戸時代の京では今と同じように里芋の形をした月見団子を供えていました。

（9/13 西村昌能）

2020年10月の月齢カレンダー

日	月	火	水	木	金	土
				1 月齢13.7	2 満月 月齢14.7	3 月齢15.7
4 月齢16.7	5 月齢17.7	6 月齢18.7	7 月齢19.7	8 月齢20.7	9 月齢21.7	10 下弦 月齢22.7
11 月齢23.7	12 月齢24.7	13 月齢25.7	14 月齢26.7	15 月齢27.7	16 月齢28.7	17 新月 月齢0.3
18 月齢1.3	19 月齢2.3	20 月齢3.3	21 月齢4.3	22 月齢5.3	23 上弦 月齢6.3	24 月齢7.3
25 月齢8.3	26 月齢9.3	27 月齢10.3	28 月齢11.3	29 月齢12.3	30 月齢13.3	31 満月 月齢14.3

2020年10月の月齢カレンダー／1日は中秋の名月だが、満月は2日で1日ずれる。月齢は新月の瞬間からの経過日数を表し、通常は正午の月齢をいう

11月の星空

セイファート銀河など重要な天体

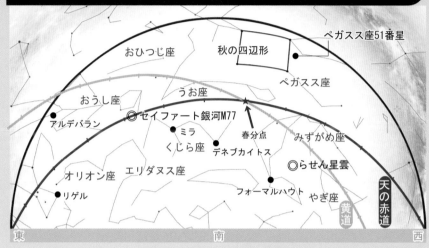

ペガスス座51番星
秋の四辺形
おひつじ座
ペガスス座
うお座
おうし座
◎セイファート銀河M77
春分点
アルデバラン
●ミラ
みずがめ座
くじら座
デネブカイトス
◎らせん星雲
エリダヌス座
オリオン座
フォーマルハウト
やぎ座
●リゲル
黄道
天の赤道
東　　　　　　　　南　　　　　　　　西

11月の星空（15日午後9時、京都市内南の空）

　東の空からおうし座のアルデバランやぎょしゃ座のカペラなど冬の星座が見え出してきます。秋の夜空には明るい星があまりありませんが、天文学上で重要な天体がいくつかあります。おうし座には藤原定家の「明月記」に超新星爆発が記録されたかに星雲、みずがめ座には太陽系に最も近い惑星状星雲の一つらせん星雲、くじら座には中心部が激しく活動し明るく輝くセイファート銀河M77があります。

■1■黄道12星座

　1年をかけて太陽が通る道にある13星座のうち、へびつかい座を除いた12星座を黄道12星座といいます。もともとはメソポタミア地方で星占いを取り仕切っていた神官によって設定されましたが、その後、太陽、惑星や月が通る道として重要視され、天体観測もこの黄道12星座がある黄道帯で行われるようになりました。星占いでよく使われる黄道12宮は、星座その

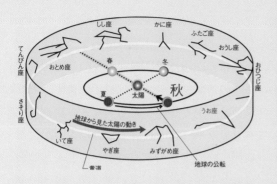

地球（日本）が秋のとき、真夜中の真南に見える星座はうお座ですが、そのとき太陽はおとめ座の方向にある。このためおとめ座は星占いでは秋の星座とされている。もちろんそのとき（昼間なので）おとめ座は見ることができない。

※星占いで使う黄道12宮は5000年ほど前につくられたので現在の星座とずれている

ものではなく等分された黄道上の領域をいいます。　　　　（11/1 杉野文昂）

2 みずがめ座

　みずがめをかつぐ美少年ガニュメデスの姿がみずがめ座です。みなみのうお座の1等星フォーマルハウトから点々とする星々を上にたどっていくとみずがめの部分で逆Y字形に星が一塊になっています。このあたりがみずがめ座です。この星座には約700光年のところに太陽系で最も近い惑星状星雲の一つと言われるらせん星雲NGC7293があります。最近の研究では周囲に淡い環状のガスが広がっていると言われています。（11/2 杉野文昂）

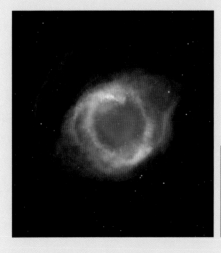

みずがめ座のらせん星雲NGC7293（ハッブル宇宙望遠鏡で撮影）。半径約3光年で太陽程度の質量の恒星が一生の最期にガスを放出して形成された惑星状星雲の一つ©NASA

3 うお座

　黄道12星座の一つであるうお座は秋の四辺形の下側に、くの字を押しつぶしたような形をしています。2匹の魚がリボンで結ばれています。ギリシャ神話では愛と美の女神アフロディーテとその子どもエロスの変身した姿とされています。うお座には春分点があります。春分点とは太陽が通る道、黄道が天の赤道の南側から北側に移るときの交点です。もともとはおひつじ座でしたが紀元後1世紀にはうお座に移動していました。現在の春分点も約600年後にはみずがめ座に移っていきます。

（11/3 杉野文昴）

4 おひつじ座

　明るい星の少ない秋の星座の中で2等星が二つ並んでいるのがおひつじ座です。ギリシャ神話では金色の毛を持つ羊です。ところで春分点は現在ではうお座にありますが、古代ギリシャの時代にはおひつじ座にあり、このためおひつじ座は黄道第1番目の星座として注目されていました。星占いの第1番目の星座がおひつじ座というのもこのためです。

（11/4 杉野文昴）

5 くじら座M77

　くじら座は、面積は広大ですが最も明るい星はデネブカイトスという名の2等星です。ここにある銀河M77はセイファート銀河といわれ、見かけは渦巻銀河ですが、中心核の大きさは数光年以下で、異常に明るく、激しいガス運動が起こっています。その活動の源は中に潜んでいる巨大ブラックホールによるものと考えられています。M77は比較的近く（約6000万光年）最もよく観測されている代表的な活動銀河です。

（11/5 作花一志）

くじら座M77。世界で最初に観測されたセイファート銀河。渦巻銀河の一種だが中心核が異常に明るく輝き、かつ激しくガスが噴出している（ハッブル宇宙望遠鏡で撮影 ©NASA）

6 ふしぎな星ミラ

　ミラはくじら座にある変光星です。およそ330日の周期で 2 等から10等の間で明るさが大きく変化する脈動変光星です。このタイプの変光星は星全体が膨張したり収縮したりを繰り返すことで明るさが変化します。ミラは、最近では、2020年 9 月末ごろに明るくなりました。さて、 8 等という明るさの変化は、エネルギー量にして千倍以上の変化になります。もし太陽が 1 年ごとに千倍も明るさを変えたら…想像するだけで怖いですね。

（10/14嶺重慎）

1万2000年後、
織姫星が北極星に──歳差運動

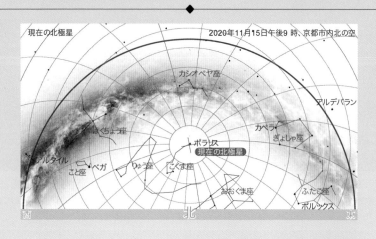

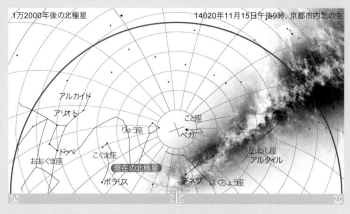

　地球の自転軸（地軸）は、不思議なことに自転とは逆方向の西向きに「こま」のような首振り運動をし、2万6000年で1回転します。この現象を歳差運動と

呼んでいます。現在、北極星はこぐま座アルファ星（ポラリス）ですが、1万2000年後には夜空の様子が大きく変化し、こと座のベガ（織姫）が北極星になり、冬の星座の王者オリオン座は夏に南の空に低く見えることになります。

　歳差運動のために太陽の通り道である黄道と天の赤道の交点である春分点や秋分点が西へ西へゆっくり移動しています。春分点は現在、うお座にありますが、3000年前にはおひつじ座にありました。この現象は古代ギリシャの天文学者ヒッパルコスが発見したと言われています。

　地球は北からみると反時計回り（左回り）で、太陽の周りを西から東の方向へ公転しています。しかし、視点を変えて地球から見ると太陽は天球上を西から東へ1年かけて1周しているように見えます。この太陽の天球上の通り道が黄道で、地球の公転面を天球に投影したものとなります。他の惑星もほぼ黄道上を移動しますが、それは各惑星の公転面の傾きが地球の公転面とほぼ同じだからです。歳差運動の原因は太陽と月の引力だと考えられています。

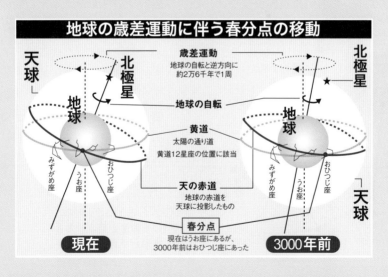

12月の星空　東の空に1等星が七つ

12月の星空（15日午後9時、京都市内南の空）

　冬は1年のうちで最も1等星が多い季節で、全部で8個あります。12月はこのうちの7個が東の空に見え始めます。オリオン座のベテルギウスとリゲル、おおいぬ座のシリウス、こいぬ座のプロキオン、ふたご座のポルックス、ぎょしゃ座のカペラ、おうし座のアルデバランです。これは次に多い夏の4個と比べても圧倒的な多さです。街明かりの中でも肉眼で見えますので、星図を参考にぜひ探してみましょう。

冬のダイヤモンド（東の空）
六つの1等星を結ぶと大きな六角形ができる。これを冬のダイヤモンドまたは冬の大六角形といいます

❶おうし座

おうし座には1等星アルデバランと二つの散開星団、プレアデス星団（すばる）、ヒアデス星団があります。散開星団は、数十から数千個の星が比較的緩く集合した星団のことをいい、密度は球状星団（184頁）ほど高くありません。また、おうし座の角の先には超新星残骸のかに星雲M1があります。ギリシャ神話ではおうしは大神ゼウスの変身した姿です。おうしになったゼウスはフェニキア王の娘エウロペをさらい、クレタ島の海岸に連れて行き妻にしました。ヨーロッパという名称はエウロペが上陸したところという意味とされています。

（12/6 杉野文昴）

❷アルデバラン

おうし座の1等星でだいだい色の巨星です。直径は太陽の40倍以上あり、約65光年の距離にあります。この星とシリウス、プロキオン、ポルックス、カペラ、リゲルで「冬のダイヤモンド（大六角形）」を構成します。すばるに続いて上がってくる星で、その名前は「後に続くもの」という意味のアラビア語が変化したものです。同じ意味の「後星」という和名もあります。周囲には双眼鏡で美しく見えるヒアデス星団が広がっています。

（12/7 野上大作）

③オリオン座

　冬の星座の代表はなんといってもオリオン座です。四つの星で作る長方形と真ん中の三ツ星。まわりの明るい星を結ぶと鼓またはチョウのように見えます。明るい街の中でも形をたどれる数少ない星座の一つです。神話でオリオンは海の神ポセイドンの息子で狩りの名人。海の上をも自由に歩けたといわれています。オリオン座には1等星が二つあります。オリオン座の左上にあるのがベテルギウス、右下にあるのがリゲルです。

（12/8 杉野文昴）

④ベテルギウス

　オリオン座にはこの星とリゲルの二つの1等星が含まれていますが、そのうちの赤い方です。赤色超巨星で、太陽の900倍から千倍くらいの半径です。約700光年先にあると見積もられています。400日くらいの周期で、肉眼では明るさが2倍程度変わる変光星です。数百万年以内に超新星爆発を起こすと考えられていて、最近でも2019年10月ごろから3カ月かけて1等級暗くなり、爆発の前兆かと話題になりましたが、その後再び元の明るさに戻りました。もし超新星爆発が起これば最も明るい時で半月より明るくなるという計算結果もあります。ぜひ見てみたいですね。

（12/10 野上大作）

5 リゲル

　オリオン座の1等星の青白い方です。青色超巨星で半径は太陽の80倍くらい、地球からの距離は900光年くらいとされていますが、まだはっきりしていません。リゲルから約10秒角離れたところに、リゲルの周りを2万4千年かけて回る数百分の1の暗さの伴星があります。この伴星はさらに二つの星からなり、その一つがさらに連星であることがわかっています。リゲルは少なくとも四つの星からなる連星系です。　　　　（12/11 野上大作）

6 ぎょしゃ座

　冬の星座の中では東の空から最も早く昇ってくるのがぎょしゃ座です。「ぎょしゃ」とは馬車を操る人のことをいいます。ぎょしゃ座はアテネ王エリクトニウスが子ヤギを抱いた姿です。生まれつき足が不自由で、その不自由さを補うため馬にひかせる戦車を発明しました。ぎょしゃ座には三つの散開星団M36、37、38があり、望遠鏡で見るとそれぞれ美しい星の群れを見ることができます。ぎょしゃ座には1等星のカペラがあります。

（12/12 杉野文昴）

7 カペラ

　ぎょしゃ座にある1等星です。太陽の10倍くらいの半径を持つ黄色い巨星同士の連星系で、約100日周期でお互いの周りを回っています。この連星から0.17光年ほど離れたところを、さらに赤い小さな星同士の連星が回っており、全部で4重連星です。地球からの距離は約43光年です。おうし座のアルデバランの「後星」という和名を紹介しましたが、この星はすばるとほぼ同じ時刻に上ってくることから、「先星」という和名があります。

（12/13 野上大作）

1月の星空 「冬の大三角」を探そう

ヒアデス星団　すばる
◎ おうし座T星
ふたご座　アルデバラン　おうし座　おひつじ座
ベテルギウス
こいぬ座　オリオン座
オリオン大星雲
冬の大三角　◎
プロキオン　リゲル　エリダヌス座
かに座
うお座
うさぎ座　くじら座
うみへび座　シリウス
おおいぬ座

東　南　西

1月の星空（15日午後9時、京都市内南の空）

　南の空は冬の星座たちでにぎやかになります。冬の星座はオリオン座から探します。次にその左下で輝くおおいぬ座の1等星シリウスを見つけます。全天で一番明るい恒星ですごく目立っています。オリオン座の左肩で輝く1等星ベテルギウス、シリウスとこいぬ座の1等星プロキオンでつくる大きな三角形が「冬の大三角」です。おうし座のすばる（プレアデス星団）やヒアデス星団も見頃です。

1 星はすばる

　清少納言の枕草子に「星はすばる」で始まる章段があるように、日本で古来から親しまれてきた星の集まりです。その名前は多くが集まる「統ばる（すばる）」からきています。暗い場所に行けば肉眼でも楽しめますが、双眼鏡を使う

すばる。プレアデス星団（仲谷善一撮影）

208

のがお勧めで、たくさんの青白い星々が見えることでしょう。その美しさから、世界各地で神話や伝説が残されています。太古に思いをはせて空を見上げてみてはいかがでしょうか。　　　　　　　　　　　　　　（1/1 野上大作）

２ヒアデス星団

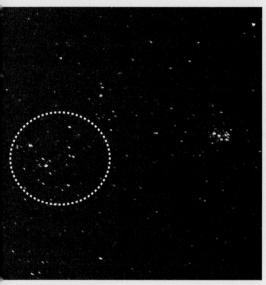

ヒアデス星団（点線で囲んだ部分。仲谷善一撮影）

おうし座の顔の位置するところにある星団がヒアデス星団です。5個ほどの4等星でV字形のおうしの顔を作っています。双眼鏡でこのあたりを見るとたくさんの星が集まっているのがよくわかります。おうしの目に当たるのが1等星のアルデバラン。この星は地球から65光年離れています。ヒアデス星団は150光年ですから、アルデバランはヒアデス星団の手前になります。近くにはおうしの肩に当たるすばるがあります。　（1/3 杉野文昂）

３Tタウリ型星

「おうし座T星」のような星という意味で、生まれつつある恒星のグループを指します。おうし座には、恒星が誕生する母体である分子雲（マイナス260度以下の極低温ガスの塊）が多数あり、今も恒星が生まれています。その中心星は重力収縮の途上にあり、水素核融合はまだ起こっていません。中心星は赤外線で光る円盤で囲まれており、この円盤の中でやがて惑星が誕生します。恒星と惑星は同時に生まれるのです。　　　（1/4 嶺重慎）

４ おおいぬ座

　オリオン座の南東に明るく輝く青白い星はシリウスで、おおいぬの口に当たります。おおいぬは一説にはオリオンの猟犬といわれています。別の神話では月と狩りの女神アルテミスの侍女が飼っていた犬といわれています。あるとき国中を荒らしていたキツネを捕らえるためこの犬が放たれました。ところが賢いキツネは逃げ回りました。このありさまを空から見ていた大神ゼウスは２匹を石に変え、犬の方を空に上げて星座にしました。

（1/5 杉野文昂）

５ シリウス

　シリウスは、太陽以外の恒星のうちで最も明るく見える星です。夜空の星は１等星、２等星…と分類されますが、シリウスは１等星の中でもとりわけ明るく、正確にはマイナス1.5等星になります。なぜそんなに明るいのでしょうか？　それはもともと明るいだけでなく、地球から９光年という近くにある星だからです。オリオン座のベテルギウス、こいぬ座のプロキオンとともに冬の大三角を形作る星としても知られています。

（1/6 嶺重慎）

6 シリウスB（白色矮星）

　シリウスBとは不思議なネーミングですね。夜空で最も明るいシリウスは実は二つの星からなる連星系であり、このうち暗い方の星を指します。明るい方をシリウスAといいますが、同じくらいの質量なのに7等も暗いのです。なぜそんなに暗いかというと半径が小さいからです。太陽くらいの質量で地球ほどの大きさしかないこの星は、白色矮星と呼ばれます。太陽は約50億年後、赤色巨星を経て中心部がつぶれ白色矮星になります。

（1/7 嶺重慎）

7 プロキオン

　こいぬ座にある黄白色の1等星です。この名前は「犬に先立つもの」という意味のギリシャ語から来ています。犬とはシリウスのことで、これより少し早く上がってきます。11.5光年の距離にあり、日本から見える1等星としてはシリウスに次いで近い星です。シリウスと同じく白色矮星の伴星を持つ連星です。出雲地方では「色白」と呼ばれます。それに対してシリウスは「南の色白」と言われています。

（1/8 野上大作）

2月の星空 長生きするかも？ 南極老人星

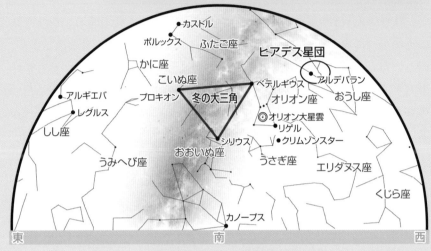

2月の星空（15日午後9時、京都市内南の空）

　冬の大三角が南の空に高く輝きます。オリオン座には、オリオン大星雲や馬頭星雲、「ウルトラマンの故郷」M78星雲があり、見所がいっぱいです。冬に見られる八つ目の1等星、りゅうこつ座のカノープスが現れます。全天で2番目に明るい星ですが、南の空の低い位置にあり、中国では「南極老人星」と呼ばれ、見た人は長生きをするという伝説があります。東の空にはかに座やしし座など春の星座が昇ってきています。

■ ふたご座

　オリオン座の東にある明るい2個の星がふたご座のカストルとポルックスです。ふたご座はこの2個の星を頭とする2列の星々から成ります。双子の兄がカストル、弟がポルックスです。カストルは1.6等、ポルックスは1.2等でポルックスのほうが少し明るいです。日本ではカストルが「銀星」、ポルックスは「金星」と呼ばれ色の違いがわかります。またカストルの足元には散開星団M35があります。

（2/6 杉野文昴）

② ポルックス

　黄色からだいだい色に見え「金星（きんぼし）」とも呼ばれるポルックスは、太陽の10倍の半径を持つ巨星です。木星の約2倍の重さの惑星を持つことが知られていて、テスティオスという名前がついています。ギリシャ神話でカストルとポルックスの母であるレダの父、つまりポルックスのおじいちゃんからとられた名前です。大きな孫の周りを小さなおじいちゃんが回っているところを想像すると、なんだかほほ笑ましいですね。　　　　（2/7 野上大作）

③ カノープス

　カノープスはりゅうこつ座にある一番明るい星です。星そのものの性質としては、シリウスに次いで明るく、白く見えるはずです。しかし、実際には本来よりも暗く赤みがかって見えます。それは、京都ではカノープスがもっとも高い南中時でも地平線から2〜3度くらいまでしか上がらないので、太陽の夕焼けの時のような効果を空気から受けているからです。中国では「南極老人星」と呼ばれ、見た人は長生きをするという伝説があります。　　　　（2/8 野上大作）

④ うさぎ座

　小さな星座ながらオリオン座のすぐ下にあり、探しやすい星座です。四つの3等星と4等星の星で四辺形を描いています。おおいぬに追われて、オリオンの足元で跳ねているうさぎの形になります。リゲルの南にある6等星R星は血のように赤い色をしています。このことをハインドが1845年に観測したので「ハインドのクリムゾンスター（深紅の星）」といいます。普通の赤い恒星より可視光での吸収が大きいためです。　　　　（2/9 杉野文昴）

最大の星座、うみへび座の赤い心臓

3月の星空（15日午後9時、京都市内南の空）

　3月には東の空に春の星座が昇ってきます。春の星座はかに座、しし座、おとめ座、からす座、コップ座、うみへび座などです。うみへび座は全天で最も大きな星座で、東西102度に及びますが、明るい星は少なく、心臓部分に赤く輝く2等星アルファルドがあります。しし座のレグルス、ふたご座のポルックスの中間にあるかに座は4等星以下の星ばかりで探すのが難しいですが、中央部のプレセペ星団は条件が良ければ肉眼でもぼんやり見えます。

1 りゅうこつ座

　2世紀の天文学者プトレマイオスがまとめた48星座にアルゴ座という星座がありました。ギリシャ神話に登場する巨船の名ですが、星座が大きすぎることから現在の88星座では、ほ（帆）、とも（船尾）、らしんばん（羅針盤）、りゅうこつ（竜骨）の4星座に分けられました。この星座にはカノー

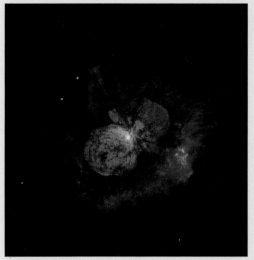

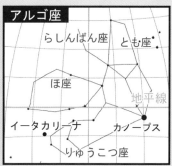

アルゴ座

らしんばん座　とも座

ほ座

地平線

イータカリーナ　カノープス

りゅうこつ座

かつてアルゴ座といわれた星座は分割されて、いくつかの星座になっている

イータカリーナ（中心の白く光る点）と1841～43年の爆発によって噴出したひょうたん形のガス。周辺の赤い部分もかつて噴出したガス©NASA

プスという全天で2番目に明るい星があるほか、京都からは見えませんが激しくガスを放出しているイータカリーナという恒星があります。

（3/1 杉野文昴）

２ かに座

　ふたご座の1等星ポルックスとその下にあるしし座の1等星レグルスのちょうど真ん中あたりにある星座がかに座です。黄道12星座の一つですが4等星以下の星ばかりで街の中で探すのは難しいです。このかには英雄ヘラクレスに踏みつぶされたお化けがにとされています。ヘラクレスは12回の大冒険をやり遂げましたがそのうちの一つがかに退治です。なお、ヘラクレスは夏の星座のヘルクレス座になっています。

（3/3 杉野文昴）

❸プレセペ星団M44

　街明かりのない空でかに座の真ん中あたりにぼーっとした雲のような天体が見つかります。これがプレセペ星団で散開星団の仲間です。プレセペは、かいば桶という意味です。この雲を望遠鏡で見てはじめて星団と見破ったのはガリレオです。「かいば桶と呼ばれる星雲は40個あまりの星の集まりだ」と記録を残しています。かに座にあるため、かに星雲と間違えられることがありますが、かに星雲はおうし座にあります。　　（3/4 杉野文昴）

❹うみへび座

　全天88星座の中で最も大きな星座がうみへび座です。東西102度におよぶ星座で春から夏にかけて見ることができます。ただ明るい星は少なく目につくのはうみへびの心臓部分に赤く輝く2等星アルファルドだけです。アルファルドは「孤独なもの」という意味です。うみへび座は大蛇のように見えますが、実はギリシャ神話では頭が九つあるヒドラという怪物です。かに座と同じくヘラクレスによって退治されました。　　（3/5 杉野文昴）

❺コップ座

　からす座の西側、うみへび座の北のあたりがコップ座です。このコップは優勝カップのように両側に取っ手がついた台つきの立派な杯です。酒とぶどうの神ディオニュソス（バッカスともいいます）が酒を造った鉢とみて、ギリシャではこの星座を「ディオニュソスの鉢」と呼んでいます。ディオニュソスはアテネに滞在したとき、アテネ王が親切にもてなしてくれたお礼においしい酒の造り方を王に教え、この鉢を譲りました。

（3/6 杉野文昴）

6　季語の国

　　二十四節気は太陽の黄道上の位置を24等分した季節区分で、農作業で季節を知るために中国の戦国時代に生まれ、日本では江戸時代から広く使われてきました。中緯度の日本列島のめりはりのある季節感から季語が生まれ歳時記が発展しました。太陽系を観測する花山天文台を支援してくださっている多くの方々の代表として株式会社タダノ多田野宏一社長への一句です。
〈巨大クレーン雲吊り上げて冬の月〉

　　　　　　　　　　　　　　　　（4/30尾池和夫）

花山天文台創立90周年及び花山宇宙文化財団設立記念式典（2019年6月2日）で、天文台支援のために財団を設立された株式会社タダノ・多田野宏一社長㊧に感謝の印として自作の句「巨大クレーン雲吊り上げて冬の月」（著名な書家杭迫柏樹氏の書による）を贈呈する尾池和夫理事長

すばらしい花山天文台を次世代へ受け継ごう！

KEEP KWASAN ALIVE !

花山天文台全景（航空写真）

1 本館

別館 **2**

3 歴史館

4 新館

太陽館 **5**

京都大学大学院理学研究科附属 **花山天文台**
〒607-8471京都市山科区北花山大峰町
電話075-581-1235　FAX075-593-9617
https://www.kwasan.kyoto-u.ac.jp/

218

花山天文台

国内 2番目!　日本初!

　1929年（昭和4年）に設立された、国内2番目に古い大学天文台です。太陽コロナ（1940年代）、火星の気象学の開拓（1950年代）、アポロ計画のための月面地図づくりへの貢献（1960年代）などの太陽系天体の観測的研究で世界的な成果をあげてきました。

　初代台長・山本一清博士は、日本初のアマチュア天文同好会を組織し、アマチュア天文家の育成活動を非常に熱心に推進したため、花山天文台はアマチュア天文学の聖地と呼ばれてきました。

1 本館　1929

屈折鏡では国内3番目!

　「45cm屈折望遠鏡」は、屈折鏡としては国内3番目の大きさを誇り、かつて火星や月の観測で活躍しました。今は研究の第一線は退いたものの市民向け観望会では大人気です。

2 別館　1929

現役では日本最古!

　現役望遠鏡としては日本最古110歳の「ザートリウス製18cm屈折望遠鏡」は、Hαフィルターを搭載することで現在も常時太陽フレアやプロミネンスのモニター観測で大活躍しています。

3 歴史館（旧子午線館）　1929

　本館、別館とともに1929年の設立当初からある建物で、当時は子午儀を用いて正確な時刻を知るための観測が行われていました。近年、活躍の場を失い、解体も検討されましたが、大正・昭和の洋式木造建築として、日本の建築学史上、貴重な建築物だと判明し、現在は花山天文台の歴史を伝えるミニ博物館になっています。

4 新館　1979

　研究・教育用の計算機システムが整備されており、観測データ解析や数値シミュレーションなどの研究拠点となっています。

5 太陽館　1961

国内2番目!

　日本で2番目の大きさの太陽分光望遠鏡で大学や高校の観測実習が行われ、太陽スペクトル観望は「本物の色が見られる体験」として、市民向け見学会で多くの人を魅了しています。

体験しよう！
バーチャル花山天文台（360°パノラマVR）

https://www.kwasan.kyoto-u.ac.jp/kwasan_vr/index.html

（制作：Creative Office Haruka）

天文学関連のウェブサイト

■ 花山天文台関連

京都大学大学院理学研究科附属天文台　https://www.kwasan.kyoto-u.ac.jp/

リアルタイムの太陽観測写真など花山天文台や飛騨天文台など京都大学附属天文台の最新の研究情報を紹介している

花山宇宙文化財団　http://kwasan.kyoto/

花山天文台の存続を支援する民間人や市民がつくる。金曜天文講話や夜の観望会など市民向けの各種イベントも行っている

NPO法人花山星空ネットワーク　https://www.kwasan.kyoto-u.ac.jp/hosizora/

花山天文台や飛騨天文台の施設を利用して市民が宇宙や自然を学ぶ。天体観望会や子ども向けの天体観測教室を開いている

京都千年天文学街道　http://www.tenmon.org/

天文と関連の深い歴史上の人物のゆかりの地や京都の名所、天文施設を探訪するツアーを開いている

■ 天文学関連

国立天文台　https://www.nao.ac.jp/

日本の最先端の宇宙研究の情報が分かるほか、すばる望遠鏡（ハワイ）などが撮影した数々の天体写真がみられる

暦計算室　https://eco.mtk.nao.ac.jp/koyomi/

各種の暦や天体現象の日時を調べられ、日食が見られる地域や時間が詳しく分かる日食各地予報もある

国立天文台4次元宇宙プロジェクト　https://4d2u.nao.ac.jp/t/index.html

四季折々の星空の動きや仮想の宇宙旅行が味わえる4次元宇宙デジタルビューワー「Mitaka」が無料でダウンロードできる

宇宙航空研究開発機構（JAXA）　https://www.jaxa.jp/

小惑星探査機はやぶさ2など惑星探査、X線天文観測衛星など日本の宇宙探査の最新情報を紹介する

アストロアーツ　http://www.astroarts.co.jp/

天文シミュレーションソフトや雑誌を手がける会社のウェブサイト。毎月の天体現象を紹介する星空ガイドや最新の話題の紹介など天体観測に役立つ情報を提供している

NASA（米航空宇宙局、英語）　https://www.nasa.gov/

世界の宇宙探査、研究の最前線。ハッブル宇宙望遠鏡やボイジャーなど数々の宇宙探査機がとらえた鮮明な天体写真を公開している

Astronomy Picture of the Day Archive（英語）
https://apod.nasa.gov/apod/archivepix.html

NASAとミシガン工科大学が運営するサイトで、時季に応じた美しい天体写真を簡潔な説明とともに日替わりで紹介している

天文学辞典　https://astro-dic.jp/

日本天文学会が編纂したインターネット上の天文学用語辞典

京都賞　https://www.kyotoprize.org/

天文学分野を含めノーベル賞受賞者を多く輩出している稲盛財団の京都賞ホームページ。受賞者の業績や受賞講演の記録が読める

■ インターネットと宇宙（94頁）

慶應義塾大学インターネット望遠鏡プロジェクト　http://arcadia.koeki-u.ac.jp/itp/

日米欧に設置され、接続すればいつでもどこでも無料で天体観測ができる望遠鏡

国立天文台市民天文学プロジェクトギャラクシークルーズ
https://galaxycruise.mtk.nao.ac.jp/

すばる望遠鏡の撮影画像から、研究者と市民が衝突銀河の形と数を調べる共同研究

月探査情報ステーション　https://moonstation.jp/

月・惑星探査に関する知識の普及・広報を行う。探査の意義や目的、現状などを分かりやすく説明している

2020年12月1日　現在

あとがき

　2019年の初めころ柴田さんから「5月から京都新聞に毎日コラム記事を書くことになるので、執筆者に加わりませんか」というお誘いに気軽に乗ったところ、なんと編集作業というおまけがついてきました。私の執筆担当する分野は古天文学、特に安倍晴明関連、小惑星関連などでしたが、5人で行った編集作業は投稿された全部の記事に目を通し、毎回過不足なく195文字にまとめるというアナログ作業でした。執筆者の主旨は残しながら文章を短くする、同じ内容の長文を短い言葉で言い換えるということは非常に難しい作業でした。ほぼ2週間に一度、遅くまで空腹に耐えながら。4人とも博識なので天文以外にも話はアチコチ飛び回りました。

　読者の中には百人一首の選者藤原定家の名前が処々に出てくるのに不思議がられる方もいらっしゃるでしょうが、実は彼は偉大な天文業績を残しているのです。彼の日記である『明月記』には星の最期の大爆発の記述が3件も記されており、20世紀後半の高エネルギー天文学の発展に大きな寄与をしました。

　10年前からNPO花山星空ネットワークのメンバーで晴明・定家のゆかりの地をはじめ洛内洛外の天文遺跡をめぐる「京都千年天文学街道」というツアーを行っています。本書を読んで天文街道を歩いてみてはいかがでしょうか。

　書籍に仕上げるという作業になってからは京都新聞出版センターの方にも加わってもらい、楽に進むと思ったらさにあらず。私たちがアタリマエのように使っている天文用語を無定義に使っていることに気づきました。やはり読者の目線で書かねばならないということを実感した次第です。

京都情報大学院大学教授　作花一志

柴田一成先生による太陽の脅威とスーパーフレアの講演を追いかけるように何度も聴いていました。金曜天文講話が始まったころ、先生から花山天文台の将来を考える活動へのお誘いを受けました。2018年末から京都新聞連載記事「星をみつめて」の編集委員の一員として、有意義な仕事に参加できたことを嬉しく思います。

　人生後半に8年間、神戸市立青少年科学館の天文グループリーダーとしてプラネタリウムの解説、プラネタリウム番組の制作やイベントの企画を担当し、小中学校の観望会で星の解説の仕事をしていました。この経験を生かして新聞連載記事では主に星座や天体観望に関わるテーマを数多く担当しました。編集委員として28名の執筆者との連絡係をさせていただいたのは良い思い出です。新聞掲載のための編集会議は、月2回午後2時から午後9時ころまで続く会議でしたが、柴田一成先生の脱線したお話や作花一志先生と西村昌能先生の天文学史の話はたいへん興味深く、貴重な経験になりました。

　新聞掲載が終わる19年末、京都新聞出版センターから書籍として出版して頂けるという話があり、とても嬉しく思いました。編集会議に毎回同席していただいた京都新聞の佐分利恒夫様の後押しで書籍化が実現しました。心より感謝申し上げます。

元神戸市立青少年科学館天文リーダー　杉野文昂

私の良い所でもあり、悪い所でもあるのが、頼まれたら断れない性格だ
と自覚しています。2018年のある日、いつものように当時京大理学研究科
附属天文台台長であった柴田一成さんから「京都新聞社から1年間、毎日
連載のコラム執筆の依頼があるので助けてくれないか。この新聞コラムの
連載はきっと花山天文台のためになる。」とお話がありました。私は、い
つものように、これは面白そうだなと思い、すぐにOKのお返事を返しま
した。柴田さんの仕事には面白いことが充満していることが判っていたか
らです。

　19年5月からの連載開始に対して最初の編集会議は18年12月でした。そ
の会議は2週に一度、10時〜21時まで、大人5人では確かに狭い京大理学
部の会議室で一歩も外に出ずに行われたのです。後に14時開始になりまし
たが、随分遠方から参加の杉野さんの帰宅時刻や作花さんの最終バスに合
わせて終了時刻は21時。もし、そのような制限がなければ、終夜の会議と
なったことでしょう。

　執筆は花山天文台や京大宇宙物理学教室、京都の天文に関係する最高の
方々にお願いすることになりました。ですから編集には常に緊張があり、
毎回、コラム原稿を読ませて頂くことが勉強になりました。会議は、まさ
に花山天文台セミナーでした。

　新聞コラムが完結した時の喪失感！　しかしすぐに書籍化の話が持ち上
がりました。時は既にコロナの時代、京都新聞社やＺoomの会議になり、
気持ちの上では高揚感が保たれ、ついに完成した本書は花山天文台セミナ
ーの教科書となったと言っていいでしょう。

NPO法人花山星空ネットワーク理事長　西村昌能

小学生の頃、父親と星空観察をした思い出があります。「昔はラジオで
も何でも全部自分で作ったものだ」と言いながら、ボール紙を丸めて簡単
な望遠鏡を手作りしてくれ、星座早見盤を手に親子で星を探しました。

　京都新聞の連載コラムのテーマを考えるに当たり、こんな記憶が蘇りま
した。明るい話題が少ない昨今、家族で楽しめる夢のあるコラムになるの
ではないかと考えました。「そういえば最近、星を見てないな」

　口径8cmの安価な望遠鏡を購入し、夜空に向けました。都会の空は看
板や街灯などに照らされ、肉眼では明るい星しか見ることはできません
が、真っ暗でたいした星もないように見えた部分に小さな星がいっぱい見
えてきました。「こんなにたくさんの星の下で暮らしていたのか」と感動
しました。

　昔の人は、地球が宇宙の中心で、太陽や月、星々はその周りを回ってい
ると考えていました。実際は太陽というどこにでもある恒星を回る惑星に
すぎません。しかし人類は、見たこともない宇宙の始まりや、将来的にも
たどり着けないであろう遠い宇宙の姿を、ほとんど地球を出ることなく、
星を見続けることで明らかにしてきたのです。これほどの知恵を持つ存在
は、広い宇宙と言えども極めて珍しいでしょう。

　京大花山天文台も、京都で90年間宇宙を見続け、数々の事実を明らかに
してきました。市民に開かれた天体観望会も積極的に行っています。本書
を手にしたみなさん、一緒に星を見ませんか。

京都新聞社編集局文化部長代理・論説委員　佐分利恒夫

執筆者一覧

執筆者	肩書
柴田一成	前花山天文台長、 京都大学名誉教授、 同志社大学客員教授
作花一志	京都情報大学院大学教授
杉野文昻	元神戸市立青少年科学館天文リーダー
西村昌能	NPO法人花山星空ネットワーク理事長
浅井歩	京都大学理学研究科准教授
有松亘	京都大学理学研究科研究員
磯部洋明	京都市立芸術大学美術学部准教授
一本潔	京都大学理学研究科附属天文台台長
岩﨑恭輔	京都学園大学名誉教授
尾池和夫	京都芸術大学学長、 花山宇宙文化財団理事長
太田耕司	京都大学理学研究科教授
大野照文	三重県立博物館館長
喜多郎	音楽家
久保田諄	大阪経済大学名誉教授
小山勝二	京都大学名誉教授
佐々木貴教	京都大学理学研究科助教
佐藤文隆	京都大学名誉教授
竹宮惠子	前京都精華大学学長、 漫画家
土井隆雄	京都大学特定教授、 宇宙飛行士
中串孝志	和歌山大学観光学部准教授
長田哲也	京都大学理学研究科教授
野上大作	京都大学理学研究科准教授
藤原洋	株式会社ブロードバンドタワー代表取締役 会長兼社長 CEO
松本紘	理化学研究所理事長
嶺重慎	京都大学理学研究科教授
宮島一彦	元同志社大学教授
村山昇作	天体望遠鏡博物館代表理事
冷泉貴実子	公益財団法人 冷泉家時雨亭文庫常務理事

敬称略、編集委員以外は50音順、肩書は連載当時のものです

連載「星をみつめて」(2019年5月1日〜2020年4月30日)一覧

索引

京都花山天文台の将来を考える会　ご入会のお誘い

花山宇宙文化財団は、花山天文台を永く将来にわたって存続させ活用していくための、様々な事業を行うことを目的として設立された財団です。また、財団の会員組織として「京都花山天文台の将来を考える会」があります。具体的な活動として、将来構想の策定支援、花山天文台における見学会・観望会支援、講演会や会員親睦会などの開催を行っていきます。会の趣旨をご理解いただき、ご入会いただきますよう、心よりお願い申し上げます。

◆入会費用
一般会員（年会費１口3,000円）
賛助会員（年会費１口30,000円）

◆会員特典
①年１回の会員の交流会に参加できます。
②会報を入手することができます。
③１口の一般会員は、優待料金（大人2500円、学生（高・大）1000円、こども（小・中）無料）にて基金観望会に参加できます。
④２口以上の一般会員は、会員本人は年３回基金観望会に招待、同伴の参加者は優待料金にて参加できます。
⑤賛助会員は、基金観望会を含む会が関係する全イベントに招待されます（同伴者含む）。
⑥会報およびホームページへの広告掲載に割引料金（一割引）が適用されます。
⑦その他、天文台を応援する活動に参加できます。

◆お申し込みの詳細はホームページ（http://kwasan.kyoto/）をご覧ください。

◆お問い合わせ・申し込み先
一般財団法人花山宇宙文化財団
京都花山天文台の将来を考える会 事務局
〒607-8471 京都市山科区北花山大峰町 京都大学花山天文台内
メールアドレス：info@kwasan.kyoto

編集　　　　一般財団法人 花山宇宙文化財団

編集委員　　柴田一成（前花山天文台長、京都大学名誉教授、同志社大学客員教授）
　　　　　　作花一志（京都情報大学院大学教授）
　　　　　　杉野文昴（元神戸市立青少年科学館天文リーダー）
　　　　　　西村昌能（NPO法人花山星空ネットワーク理事長）

編集協力　　佐分利恒夫（京都新聞社）

ブックデザイン　北尾崇（HON DESIGN）

星をみつめて　京大花山天文台から

発行日　　2020年12月14日　初版発行

編　者　　京都新聞出版センター
発行者　　前畑 知之
発行所　　京都新聞出版センター
　　　　　〒604-8578　京都市中京区烏丸通夷川上ル
　　　　　TEL075-241-6192　FAX075-222-1956
　　　　　http://kyoto-pd.co.jp/book/

印刷・製本　創栄図書印刷㈱

©2020
ISBN978-4-7638-0742-7　C0044